21世纪高等职业教育示范专业规划教材

数控系统的安装与调试

主　编　张亚萍　顾　军
副主编　吴　萍　王晓丽　徐少华

上海交通大学出版社

内 容 提 要

本书以法那克和西门子数控系统为例,全面、系统地介绍了数控系统的工作原理,主要功能部件的结构、特点、接口定义及各部件之间的连接,系统参数的设定与调整,PMC程序设计及应用举例,基本电气元件的结构和选型,电气原理图的识读和绘制,电气手册的使用,电气控制系统的连接和注意事项等内容。本书以数控技术应用为目的,在知识结构上注重基础性和实用性,在内容编排上注重实践性;既可作为工程技术人员和培训班学员的参考用书,也可作为高职高专院校数控技术、电气自动化、机电一体化及其他相关专业的教材。

图书在版编目(CIP)数据

数控系统的安装与调试/张亚萍,顾军主编.—上海:上海交通大学出版社,2012
21世纪高等职业教育示范专业规划教材
ISBN 978 - 7 - 313 - 08575 - 7

Ⅰ.①数… Ⅱ.①张…②顾… Ⅲ.①数控机床-数控系统-安装-高等职业教育-教材②数控机床-数控系统-调试-高等职业教育-教材 Ⅳ.①TG659

中国版本图书馆CIP数据核字(2012)第167346号

数控系统的安装与调试

张亚萍　顾　军　主编

上海交通大学 出版社出版发行
(上海市番禺路951号　邮政编码200030)
电话:64071208　出版人:韩建民
上海交大印务有限公司印刷　全国新华书店经销
开本:787mm×960mm　1/16　印张:16.25　字数:299千字
2012年8月第1版　2012年8月第1次印刷
印数:1～3030
ISBN 978 - 7 - 313 - 08575 - 7/TG　定价:34.00元

前　言

　　本教材的编写,从生产实际对数控系统安装与调试人员的要求出发,依据高职高专培养"高端技能型专门人才"的原则,以数控技术应用为目的,在知识结构上注重基础性和实用性,在内容编排上注重实践性,按照"数控系统功能部件认识→数控系统连接→数控系统调试"的工作流程,使读者较好地掌握数控系统安装与调试的步骤和方法,提高数控技术的综合应用能力。

　　本教材以市场占有率较高的法那克和西门子数控系统为代表进行讲解,紧紧围绕数控系统的安装与调试两个方面,全面、系统地介绍了数控系统的工作原理、主要功能部件的特点和接口定义、各部件之间的连接方法、系统参数的设定与调整、PMC 程序设计及应用举例、电气原理图的识读、电气手册的使用、电气控制系统基本元件的选择和连接方法。通过本书的学习并进行相应的实践操作,使读者能较好地掌握数控系统安装与调试的技术,为数控机床的故障诊断与维修打下基础。

　　本教材内容循序渐进,案例详实,操作步骤具体,插图以实物图和截屏图为主,有利于体现教师的主导性和学生的主体性,适于具有职业教育特色的"做中教、做中学"教学模式和行动导向教学原则下的各种教学方法。

本教材共分 5 个模块、19 个项目。本教材的模块 1 由泰州职业技术学院顾军老师编写,模块 2 由连云港职业技术学院王晓丽老师编写,模块 3 由泰州职业技术学院张亚萍老师编写,模块 4 由南通农业职业技术学院徐少华老师编写,模块 5 由泰州职业技术学院吴萍老师编写。全书由张亚萍老师负责统稿和定稿。承蒙泰州职业技术学院宋正和教授细心审阅,提出了宝贵的意见和建议,在此深表感谢!

在教材编写过程中,我们得到了江苏三星机床制造有限公司和东庆数控机床厂王炎秋、李冬庆等多位高级工程师的帮助和指导,在此表示感谢!同时,我们参考了不少文献资料,在此向有关作者致以诚挚的谢意!

由于编写时间及编者水平有限,书中错误和不妥之处恳请读者批评指正,以尽早修订完善。编者信箱:skjys319@163.com。

编　者

2012 年 5 月

目 录

法那克篇

法 那 克 篇

模块 1　认识数控机床

装备制造业是衡量一个国家综合实力的主要标志,被称为"国家的脊梁"。数控机床则被称为装备制造业的"工作母机",是振兴装备制造业的关键设备。本模块分为两个项目:第一个项目主要介绍数控机床的发展历程、趋势、组成及分类;第二个项目主要介绍数控系统的软硬件结构及工作原理。通过这两个项目的学习,使读者对数控机床形成一个较为全面的认识。

项目 1.1　数控机床的基础知识

【知识目标】

(1) 数控机床的发展历程及发展趋势。

(2) 数控机床的特点、组成及分类。

(3) 数控系统的软硬件结构。

(4) 数控系统的工作原理。

【能力目标】

(1) 能依据数控机床的分类标准,进行正确分类。

(2) 能依据数控机床的组成,分析数控机床的三大控制对象。

(3) 能通过查阅资料,了解数控技术的最新发展动态和未来的发展趋势。

【学习重点】

开、闭环控制系统的控制方式及特点。

1.1.1　数控机床的基本概念

数控机床是数字控制机床(Computer Numerical Control Machine Tools)的简称,指采用数字化的代码,将零件加工过程中所需的各种操作和步骤以及刀具与工件之间的相对位移量等记录在程序介质上,送入计算机或数控系统,经过译码、运算及处理,控制机床的刀具与工件的相对运动,加工出所需要的工件。

在数控机床上加工零件的基本工作过程如图 1.1 所示。

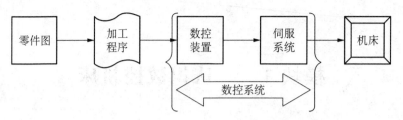

图 1.1 数控机床加工零件的基本工作过程

在数控系统中,数控装置是实现数控技术的关键。数控装置根据输入的零件程序和操作指令进行相应的处理,输出位置控制指令至进给伺服驱动系统以实现刀具和工件的相对移动;输出速度控制指令到主轴伺服驱动系统以实现切削运动;输出 M、S、T 指令到 PLC 以实现对开关量的输入/输出控制,从而加工出符合零件图样要求的零件。其中,CNC 系统对零件程序的处理流程包括译码、刀补处理、插补运算、位置控制、PLC 控制等环节,如图1.2 所示。

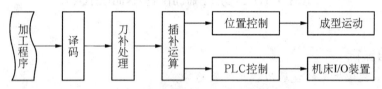

图 1.2 数控装置对零件程序的处理流程

1.1.2 数控机床的发展历程

1949 年美国空军为了在短时间内造出经常变更设计的火箭零件,与帕森斯(John C. Parson)公司合作,并选择麻省理工学院伺服机构研究所作为协作单位,于 1952 年成功研制了世界上第一台数控铣床。1958 年,美国的克耐·杜列克公司(Keaney & Trecker Co.)在一台数控镗床上增加了自动换刀装置,第一台加工中心问世了。

1956 年,联邦德国、日本、苏联等国分别研制出数控机床。20 世纪 60 年代初,美国、日本、联邦德国、英国相继进入数控机床商品化试生产阶段,当时的数控装置采用电子管元件,体积庞大,价格昂贵,只在航空工业等少数有特殊需要的部门用来加工复杂型面零件。

1959 年,晶体管元件印制电路板的问世,使数控装置进入了第二代,体积逐渐减小,成本有所下降。

1965 年,出现了第三代的集成电路数控装置,其特点是体积小,功率消耗少且可靠性提高,价格进一步下降,集成电路数控装置促进了数控机床品种和产量的发展。

20 世纪 60 年代末,先后出现了由一台计算机直接控制多台数控机床的直接数控系统(DNC),又称群控系统,以及采用小型计算机控制的计算机数控系统(CNC)。数控装置进入了以小型计算机化为特征的第四代。

1974 年,使用微处理器和半导体存储器的微型计算机数控装置(MNC)研制成功,这是第五代数控系统。第五代与第三代相比,数控装置的功能扩大了 1 倍,而体积则缩小为原来的 1/20,价格降低了 3/4,可靠性也得到了极大的提高。

20 世纪 80 年代以后,微处理器运算速度快速提高,功能不断完善,可靠性进一步提高,出现了小型化、能进行人机对话式自动编制程序并可以直接安装在机床上的数控装置。

20 世纪 90 年代,数控机床得到了普遍应用,数控机床技术有了进一步发展,柔性单元、柔性系统、自动化工厂开始得到应用,标志着数控机床产业化进入了成熟阶段。

进入 21 世纪,军事技术和民用工业的发展对数控机床的要求越来越高,应用现代设计技术、测量技术、工序集约化、新一代功能部件以及软件技术的发展,使数控机床的加工范围、动态特性、加工精度和可靠性有了极大提高。科学技术,特别是信息技术的迅速发展,高速高精控制技术、多通道开放式体系结构、多轴控制技术、智能控制技术、网络化技术、CAD/CAM 与 CNC 的综合集成,使数控机床技术进入了智能化、网络化、敏捷制造、虚拟制造的更高阶段。

1.1.3　数控机床的组成

数控机床一般由输入/输出设备、操作装置、计算机数控装置、伺服系统、机床本体、检测装置及各类辅助装置等组成,如图 1.3 所示。

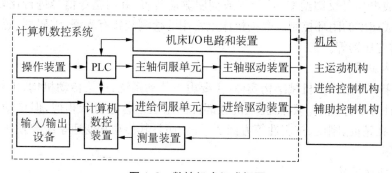

图 1.3　数控机床组成框图

1) 输入/输出设备

输入/输出设备主要用来完成零件程序的输入/输出过程。现代数控机床常用磁盘、移动硬盘、U 盘、CF 卡及其他半导体存储器等控制介质。此外,现代数控机床也可以不用控制介质,直接由操作人员通过 MDI（Manual Data Input,手动数据输入）键盘输入零件程序,或采用通信方式进行零件程序的输入/输出。目前数控机床常用的通信方式有串行通信（RS232、RS422、RS485 等）;自动控制专用接口和规范,如 DNC（Direct Numerical Control）方式,MAP（Manufacturing Automation Protocol）协议等;网络通信（Internet、Intranet、LAN）等。

2）操作装置

操作装置是操作人员与数控机床进行交互的工具。操作装置主要由显示装置、NC 键盘、机床控制面板（Machine Control Panel,MCP）、状态灯、手持单元等部分组成。

3）计算机数控装置（CNC 单元或 CNC 装置）

计算机数控装置是数控机床的核心,其主要作用是根据输入的零件程序和操作指令进行相应的处理（如运动轨迹处理、机床输入/输出处理等）,然后输出控制命令到相应的执行部件,控制其动作,加工出需要的零件。

4）伺服系统

伺服系统是数控装置与机床本体之间的电气连接环节,主要由驱动和执行两大部分组成。它接受数控装置的指令信息,并按指令信息的要求控制执行部件的进给速度、方向和位移。目前数控机床的伺服机构中,常用的执行机构有功率步进电动机、直流伺服电动机和交流伺服电动机等。

5）检测装置

检测装置（也称反馈装置）对数控机床运动部件的位置及速度进行检测,通常安装在机床的工作台、丝杠或驱动电动机转轴上,它把机床工作台的实际位移或速度转变成电信号反馈给 CNC 装置或伺服驱动装置,并与指令信号进行比较,以实现位置或速度的闭环控制。数控机床上常用的检测装置有光栅、编码器、感应同步器、旋转变压器等。

6）机床本体

机床本体是指其机械结构实体,主要由主传动系统、进给传动机构、工作台、床身及立柱等部分组成。数控机床机械部件的组成与普通机床相似,但传动结构较为简单,在精度、刚度、抗震性等方面要求高,而且其传动和变速系统要便于实现自动化控制。

7）辅助装置

辅助装置主要包括自动换刀装置（Automatic Tool Changer,ATC）、自动交换工作台（Automatic Pallet Changer,APC）、工件夹紧放松机构、回转工作台、润滑装置、排屑装置等。

8）强电控制柜

强电控制柜主要用来安装机床强电控制的各种电气元器件,除了提供数控、伺服等一类弱电控制系统的输入电源,以及各种短路、过载、欠压等电气保护外,还在PLC的输出接口与机床各类辅助装置的电气执行元件之间起连接作用,控制机床辅助装置如各种交流电动机、液压系统电磁阀等。

1.1.4 数控机床的分类

目前,数控机床的品种很多,通常按下面几种方法进行分类。

1）按加工方式和工艺用途分类

（1）普通数控机床。普通数控机床一般指在加工工艺过程中的一个工序上实现数字控制的自动化机床,如数控铣床、数控车床、数控钻床、数控磨床与数控齿轮加工机床等。普通数控机床在自动化程度上还不够完善,刀具的更换与零件的装夹仍需人工来完成。图1.4所示为XK5040型数控铣床。

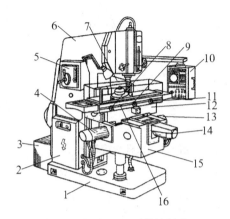

图 1.4 XK5040 型数控铣床

1—底座；2—强电柜；3—变压器箱；4—升速进给伺服电动机；5—主轴变速手柄和按钮板；6—床身立柱；7—数控柜；8、11—纵向行程限位保护开关；9—纵向参考点设定挡块；10—操纵台；12—横向溜板；13—纵向进给伺服电动机；14—横向进给伺服电动机；15—升降台；16—纵向工作台

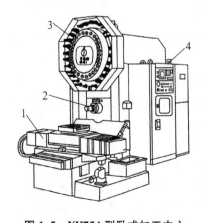

图 1.5 XH754 型卧式加工中心

1—工作台；2—主轴；3—刀库；4—数控柜

（2）加工中心。加工中心是带有刀库和自动换刀装置的数控机床,它将数控铣床、数控镗床、数控钻床的功能组合在一起,零件在一次装夹后,可以将其大部分加工面进行铣、镗、钻、扩、铰及攻螺纹等多工序加工。由于加工中心能有效地避免因多次安装造成的定位误差,所以它适用于产品更换频繁、零件形状复杂、精度要求高、生产批量不大而生产周期短的产品。图1.5为XH754型卧式加工中心,它的刀库容量是16把刀具,在刀具和主轴之间有一换刀机械手,工件一次装夹后,可自动连续进行铣、钻、镗、铰、扩、攻螺纹等多工序加工。

（3）六杆/三杆数控机床（并联数控机床）。

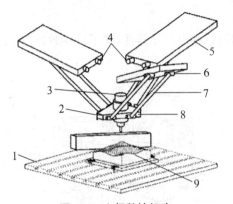

图 1.6 六杆数控机床

1—工作台；2—刀具夹板；3—主电机；
4—丝杠；5—箱体；6—螺母；
7—连杆；8—夹板铰链；9—刀具

在计算机数控多轴联动技术和复杂坐标快速变换运算方法发展的基础上，出现了六杆/三杆数控机床，图1.6是一种六杆数控机床的示意图。六杆数控机床既有采用滚珠丝杆驱动的，又有采用滚珠螺母驱动的。

2）按运动方式分类

（1）点位控制。如图1.7所示，点位控制是指数控系统只控制刀具或工作台从一点移至另一点的准确定位，然后进行定点加工，而点与点之间的路径不需控制，采用这类运动方式的有数控钻床、数控镗床和数控坐标镗床等。

（2）直线控制数控机床。如图1.8所示，直线控制是指数控系统除控制直线轨迹的起点和终点的准确定位外，还要控制在这两点之间以指定的进给速度进行直线切削。采用这类运动方式的有数控铣床、数控车床和数控磨床等。

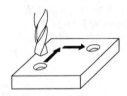

图 1.7 点位控制方式

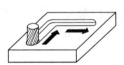

图 1.8 直线控制方式

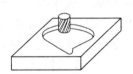

图 1.9 轮廓控制方式

（3）轮廓控制数控机床。如图1.9所示，轮廓控制是指能够连续控制两个或两个以上坐标方向的联合运动。为了使刀具按规定的轨迹加工工件的曲线轮廓，数控装置应具有插补运算的功能，使刀具的运动轨迹以最小的误差逼近规定的轮廓曲线，并协调各坐标方向的运动速度，以便在切削过程中始终保持规定的进给速度，采用这类运动方式的有数控铣床、数控车床、数控磨床和加工中心等。

3）按控制方式分类

（1）开环控制系统。如图1.10所示。开环控制系统的特点是：不带反馈装置，使用步进电机作为伺服执行元件。数控装置经过控制运算发出脉冲信号，每一脉冲信号使步进电机转动一定的角度，通过滚珠丝杠推动工作台移动一定的距离。用开环控制系统的数控机床结构简单、制造成本较低，但是由于系统对移动部件的实际位移量不进行检测，因此无法通过反馈自动进行误差检测和校正。另外，步进

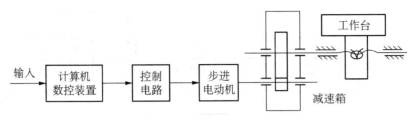

图 1.10 开环控制系统

电动机的步距角误差、齿轮与丝杠等部件的传动误差,最终都将影响被加工零件的精度;特别是在负载转矩超过电动机输出转矩时,将导致步进电动机的"失步",使加工无法进行。因此,开环控制仅适用于加工精度要求不高,负载较轻且变化不大的简易、经济型数控机床上。

(2)半闭环控制系统。如图 1.11 所示,半闭环控制系统的特点是:机床的传动丝杠或伺服电动机上装有角位移检测装置(如:光电编码器、旋转变压器、感应同步器等),可以检测电动机或丝杠的转角,角位移信号被反馈到数控装置或伺服驱动中,实现了从位置给定到电动机输出转角间的闭环自动调节。由于伺服电动机和丝杠相连,通过丝杠可以将旋转运动转换为移动部件的直线位移,因此间接地控制了移动部件的移动速度与位移量。这种结构只对电动机或丝杠的角位移进行了闭环控制,没有实现对最终输出位移的闭环控制,故称为"半闭环"控制系统。

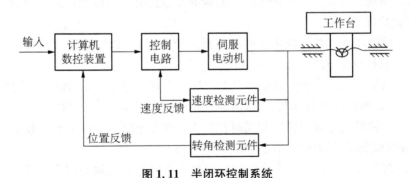

图 1.11 半闭环控制系统

(3)闭环控制系统。如图 1.12 所示,闭环控制系统的特点是:在机床移动部件上直接安装有直线位移检测装置,检测装置将检测到的实际位移值反馈到数控装置或伺服驱动中,与输入的指令位移值进行比较,用误差进行控制,最终实现移动部件的精确运动和定位。从理论上说,对于这样的闭环系统,其运动精度仅取决于检测装置的检测精度,它与机械传动的误差无关,显然,其精度将高于半闭环系统,而且它可以对传动系统的间隙、磨损量自动补偿,其精度保持性要比半闭环系统好得多。

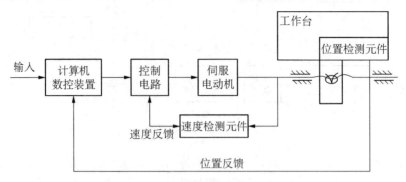

图 1.12　闭环控制系统

由于闭环控制系统的工作特点,它对机械结构以及传动系统的要求比半闭环更高,传动系统的刚度、间隙、导轨的爬行等各种非线性因素将直接影响系统的稳定性,严重时甚至产生振荡。解决以上问题的最佳途径是采用直线电动机作为驱动系统的执行器件。采用直线电动机驱动,可以完全取消传动系统中将旋转运动变为直线运动的环节,大大简化机械传动系统的结构,实现了所谓的"零传动",它从根本上消除了传动环节对精度、刚度、快速性、稳定性的影响,故可以获得比传统进给驱动系统更高的定位精度、快进速度和加速度。

4) 按联动轴数分类

数控系统控制几个坐标轴按需要的函数关系同时协调运动,称为坐标联动,按照联动轴数可以分为:

(1) 两轴联动。数控机床能同时控制两个坐标轴联动,适于数控车床加工旋转曲面或数控铣床铣削平面轮廓。

(2) 两轴半联动。在两轴的基础上增加了 Z 轴的移动,当机床坐标系的 X、Y 轴固定时,Z 轴可以作周期性进给,两轴半联动加工可以实现分层加工。

(3) 三轴联动。数控机床能同时控制 3 个坐标轴的联动,用于一般曲面的加工,一般的型腔模具均可以用三轴联动加工完成。

(4) 多坐标联动。数控机床能同时控制 4 个以上坐标轴的联动。多坐标数控机床的结构复杂、精度要求高、程序编制复杂,适于加工形状复杂的零件,如叶轮叶片类零件。

1.1.5　数控机床的控制对象

从数控机床控制最终要完成的任务看,主要有以下 3 个方面的内容:

1) 进给运动

这是数控机床区别于普通机床最根本的地方,即用电气驱动替代了机械驱动,具体表现为进给电动机带动滚珠丝杠使工作台、刀架等移动部件实现进给运动。数控系统对输入的加工程序进行运算处理后,得到位置控制指令,经变换生成控制信号到伺服驱动装置,驱动装置对控制信号进行调节和功率放大后,获得驱动电源输出到进给电动机,进给电动机通过滚珠丝杠拖动工作台运动。与此同时,位置检测装置不断地检测出工作台移动的实际位移,并反馈到数控系统,再和位置指令进行比较,当实际位置等于指令位置时,进给电动机停止转动,工作台就停止在程序规定的地方。

2）主轴运动

和普通机床一样,主轴运动主要完成切削任务,占据了整台机床动力的70%~80%,其基本控制是主轴的正反转和停止,可无级调速或自动换挡。由于主轴运动是通过主轴电动机实现的,因此对主轴的控制很大程度上是对主轴电动机进行控制。

3）辅助运动

数控系统对加工程序处理后,输出的控制信号除了对进给运动轨迹进行连续控制外,还要对机床的各种状态进行控制。这些状态包括主轴齿轮换挡、变速控制、主轴正反转、冷却和润滑装置的启动和停止、刀具自动交换等。通过对程序中的辅助指令、机床操作面板上的控制开关及分布在机床各部位的行程开关、接近开关、压力开关等输入元件的检测,由数控系统内的可编程控制器进行逻辑运算,输出控制信号驱动中间继电器、接触器、电磁阀及电磁制动器等输出元件,对冷却泵、润滑泵、液压系统和气动系统进行控制。

1.1.6　典型数控系统简介

数控系统是数控机床的核心。典型数控系统生产厂家的主要产品有 FANUC（日本）、SIEMENS（德国）、FAGOR（西班牙）、MITSUBISHI（日本）等公司的数控系统及相关产品,这些公司及产品在数控机床行业占据主导地位;我国数控系统产品主要有华中数控、航天数控、广州数控等。

1）FANUC 数控系统

FANUC 数控系统控制单元与 LCD 集成于一体,具有网络功能和超高速串行数据通信功能。FANUC 数控系统以其质量高、成本低、性能优、功能全的特点,适用于各种机床和生产机械,在市场的占有率远远超过其他数控系统。

2）SIEMENS 数控系统

SIEMENS 数控系统以较好的稳定性和较优的性能/价格比,在我国数控机床行业被广泛应用,主要包括 802、810、840 等系列。

3）FAGOR 数控系统

目前，FAGOR 最高档数控系统为 CNC 8070，代表 FAGOR 顶级水平，是 CNC 技术与 PC 技术的结晶，是与 PC 兼容的数控系统，具有以太网、CAN、SERCOS 通信接口，可选用±10 V 模拟量接口。

4）MITSUBISHI 数控装置

MITSUBISHI 公司有 MELDAS300、MELDAS500、MELDAS50、MELDAS64、MELDAS600 系列数控装置和 MELDAS‐MAGIC50、MELDAS‐MAGIC64 系列数控装置。MITSUBSHI 公司允许机床制造厂家使用 MELDAS 硬件和基本软件开发数控系统。

5）华中数控系统

华中数控以"世纪星"系列数控单元为典型产品，采用开放式体系结构，内嵌式工业 PC。伺服系统的主要产品包括 HSV‐11 系列交流伺服驱动装置、HSV‐16 系列全数字交流伺服驱动装置，步进电动机驱动装置，交流伺服主轴驱动装置与电动机，永磁同步交流伺服电动机等。

6）广州数控（GSK）

广州数控是中国南方的数控产业基地，国家 863"中档数控系统产业化支撑技术"重点项目承担企业。主要产品有 GSK928、GSK980 等，其中 CNC GSK980TD 是 GSK990TA 的升级产品，采用 32 位高性能 CPU 和超大规模可编程器件 FPGA，运用实时多任务控制技术和硬件插补技术，实现微米级精度运动控制和 PLC 逻辑控制。

1.1.7　数控机床的发展趋势

高速、精密、复合、智能和绿色是数控机床技术发展的总趋势，近几年来，在实用化和产业化等方面取得可喜成绩。主要表现在以下几个方面。

1）复合化

机床复合技术进一步扩展。随着数控机床技术进步，复合加工技术日趋成熟，包括铣车复合，车铣复合、车磨复合、成形复合加工、特种复合加工等，复合加工的精度和效率大大提高。"一台机床就是一个加工厂"、"一次装卡，完全加工"等理念正在被更多人接受，复合加工机床发展正呈现多样化的态势。

2）智能化

数控机床的智能化技术有新的突破，在数控系统的性能上得到了较多体现。如自动调整干涉防碰撞功能、断电后工件自动退出安全区断电保护功能、加工零件检测和自动补偿学习功能、高精度加工零件智能化参数选用功能、加工过程自动消除机床震动等功能进入了实用化阶段，智能化提升了机床的功能和品质。

3）柔性化

机器人使柔性化组合效率更高，机器人与主机的柔性化组合得到广泛应用，使得柔性线更加灵活、功能进一步扩展、柔性线进一步缩短、效率更高。机器人与加工中心、车铣复合机床、磨床、齿轮加工机床、工具磨床、电加工机床、锯床、冲压机床、激光加工机床、水切割机床等组成多种形式的柔性单元和柔性生产线已经开始应用。

4）高精度

精密加工技术有了新进展。数控机床的加工精度已从原来的丝级（0.01 mm）提升到目前的微米级（0.001 mm），有些品种已达到 0.05 μm 左右。超精密数控机床的微细切削和磨削加工，精度可稳定达到 0.05 μm 左右，形状精度可达 0.01 μm 左右。采用光、电、化学等能源的特种加工精度可达到纳米级（0.001 μm）。通过机床结构设计优化、机床零部件的超精加工和精密装配，采用高精度的全闭环控制及温度、振动等动态误差补偿技术，提高机床加工的几何精度，降低形位误差、表面粗糙度等，从而进入亚微米、纳米级超精加工时代。

5）高速度

随着电主轴、直线电机、高性能的直线滚动组件、全数字交流伺服电机和驱动装置等高速、高精度功能部件的应用和推广，极大地提高了数控机床的整体技术水平。

项目 1.2　数控系统的软硬件结构及工作原理

【知识目标】

（1）数控系统的硬件结构。

（2）数控系统的软件结构。

（3）数控系统功能的实现。

（4）数控系统的工作流程。

【能力目标】

（1）能分析不同硬件数控系统的特点。

（2）能分析软件在数控系统中的地位和作用。

（3）能分析刀具半径补偿、长度补偿、位置控制等功能的实现方法。

【学习重点】

数控系统的位置控制方法。

1.2.1　数控系统的硬件结构

根据控制功能的复杂程度,数控系统的硬件结构可分别采用单微处理器结构和多微处理器结构。简单的经济型数控系统采用单微处理器结构,功能复杂、控制要求高的数控系统采用多微处理器结构。

1) 单微处理器结构

单微处理器结构是指在 CNC 装置中只有一个微处理器(CPU),工作方式是集中控制、分时处理数控系统的各项任务。单微处理器结构框图如图 1.13 所示。

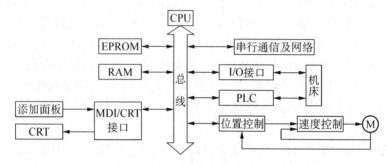

图 1.13　单微处理器结构

单微处理器结构的特点是:

(1) CNC 装置中只有一个 CPU,系统对存储器存取、插补运算、输入/输出控制、程序输入、CRT 显示等控制均由该 CPU 进行分时处理完成。

(2) CPU 通过总线与存储器、输入/输出控制等接口电路相连,完成信息交换。

(3) 由于系统为单 CPU 结构,因此其功能、速度等受微处理器本身性能的影响而有一定的局限性。

2) 多微处理器结构

多微处理器结构的 CNC 装置中有两个或两个以上的微处理器,将数控机床的总任务划分为多个子任务,每个子任务均由一个独立的微处理器来控制。系统通过各子任务之间相互协调来完成对机床的控制。图 1.14 为多微处理结构的基本模块。

多微处理器结构的 CNC 装置多为模块化结构,通常采用共享总线和共享存储器两种典型结构实现模块间的互联和通信。

(1) 共享总线结构。以系统总线为中心的多微处理器,将所有的主、从模块都插在配有总线插座的机柜内,共享标准系统总线。在系统中,某一时刻由于只有一个主模块占据总线,从而会造成各主模块发生总线竞争,通常利用仲裁电路来解决这一问题。多微处理器共享总线结构框图如图 1.15 所示。

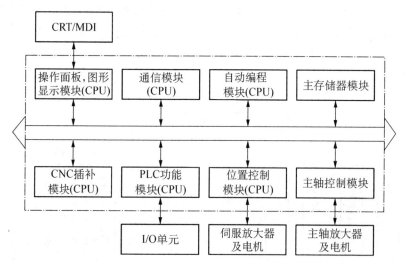

图 1.14　多微处理结构中的基本模块

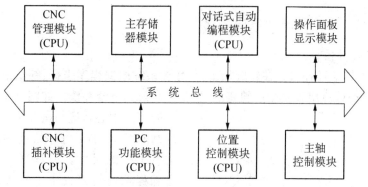

图 1.15　多微处理器共享总线结构框图

（2）共享存储器结构。通常采用多端口存储器来实现各微处理器之间的连接和信息交换，由多端口控制逻辑电路解决访问冲突，其结构如图1.16所示。

1.2.2　数控系统的软件结构

CNC 软件是指为实现 CNC 系统各项功能而编制的专用软件，又称系

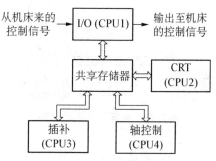

图 1.16　多微处理器共享存储器结构框图

统软件,分为管理软件和控制软件两大部分。管理软件主要完成输入、I/O 处理、显示、诊断等工作,控制软件主要完成译码、刀具补偿、速度控制、插补和位置控制等功能。CNC 系统软件如图 1.17 所示。

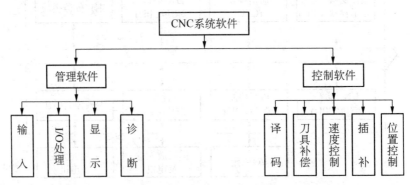

图 1.17 CNC 系统软件框图

1.2.3 数控系统功能的实现

1) 刀具补偿

(1) 刀具半径补偿。在轮廓加工中,数控系统根据程序坐标、补偿指令和补偿设定值,自动计算出刀具中心轨迹的过程,称为刀具半径补偿。如图 1.18 所示,实际的刀具中心轨迹与按照零件轮廓尺寸编制的 CNC 加工程序轨迹偏移了一个刀具半径的尺寸。刀具半径补偿解决了编程轨迹与刀具中心轨迹之间的矛盾,对同一零件轮廓采用不同直径的刀具进行加工,不需重新编程,只要将刀具的半径值输入到对应的刀具半径补偿寄存器,使用刀具半径补偿指令(G41 左刀补、G42 右刀补)即可实现刀具半径补偿。另外,在刀具半径磨损时,只要根据磨损量重新设定补偿值即可。

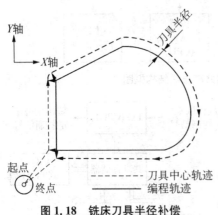

图 1.18 铣床刀具半径补偿

(2) 刀具长度补偿。加工前,用一把刀具(基准刀具)的长度作为基准,计算出实际加工中使用的刀具与基准刀具长度的差值,将这一差值按刀号输入刀具长度补偿储存器,称为刀具长度补偿。图 1.19 为铣床的刀具长度补偿,图中 T01 为基准刀具,Δl_1 和 Δl_2 分别为 T02 和 T03 与标准刀具 T01 之间的长度差,将长度补偿量输入对应的长度补偿寄存器 H02 和 H03 中,使用刀具长度补偿指令(G43 正补偿,G44 负补偿)即可实现刀具长度补偿。另外,在刀具长度磨损时,只要根据磨损量修改长度补偿值即可。

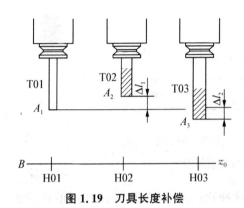

图 1.19 刀具长度补偿

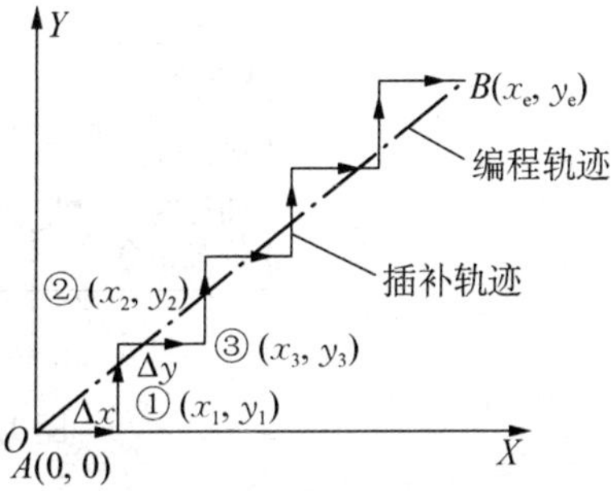

图 1.20 直线逐点比较插补

2) 插补运算

数控系统根据已知运动轨迹的起点坐标、终点坐标和轨迹的曲线方程,实时地"插入、补上"中间点的运算,称为插补。插补算法有多种,如逐点比较插补法、数据采样插补法等。

(1) 逐点比较插补法。以加工图 1.20 中第一象限的直线 AB 为例,设 A 点为坐标系原点,同时为插补运算起点,B 点为终点,插补轨迹如图 1.20 所示。

从图 1.20 中可以看出,当刀具当前点在直线上或在直线上方时,数控系统向 +X 轴发出一个进给脉冲指令,当刀具当前点在直线下方时,数控系统向 +Y 轴发出一个进给指令脉冲。由此,逐点比较插补法的基本原理就是进行"运算→判别→进给→终点判别"的循环。X 轴和 Y 轴获得连续的位置控制指令脉冲,通过驱动装置和进给电机的拖动,使 X 轴和 Y 轴联动完成刀具运动轨迹。

(2) 数据采样插补法。数据采样插补法就是将轮廓曲线分割为一段一段的轮廓步长 l,在每个插补周期 T 中,计算出各坐标轴的进给增量,并且计算出下一个坐标点的值。轮廓步长 l 与进给速度 F 和插补周期 T 有关,即 $l = TF$。图 1.21 为第一象限中逆时针数据采样法圆弧插

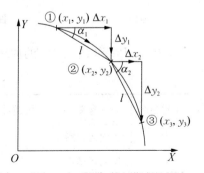

图 1.21 数据采样圆弧插补

补示意图。

3）位置控制

位置控制是数控系统最重要的控制环节。在闭环和半闭环伺服系统中,位置控制的实质是位置随动控制,其控制原理如图 1.22 所示。根据负反馈控制原理,$P_e = P_c - P_f$,位置控制主要解决两个问题:一是位置比较实现方式;二是位置偏差转换为速度控制指令的方式。

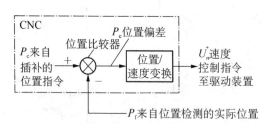

图 1.22 位置控制原理

（1）位置比较。位置比较的方法有脉冲比较法、相位比较法和幅值比较法。下面以脉冲比较法为例介绍位置比较的实现方法。脉冲比较法是将 P_c 的脉冲信号与 P_f 的脉冲信号相比较,得到脉冲偏差信号 P_e。能产生脉冲信号的位置检测装置有光栅、光电编码器等,比较器为加减可逆计数器组成的数字脉冲比较器,其组成如图 1.23 所示。

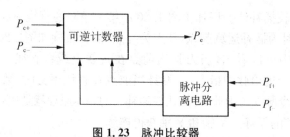

图 1.23 脉冲比较器

P_{c+}、P_{c-} 和 P_{f+}、P_{f-} 的加减定义如表 1.1 所示。

表 1.1 P_c、P_f 的定义

位置指令	含义	可逆计数器运算	位置反馈	反馈	可逆计数器运算
P_{c+}	正向运动指令	＋	P_{f+}	正向位置反馈	－
P_{c-}	反向运动指令	－	P_{f-}	反向位置反馈	＋

当数控系统要求工作台向一个方向进给时,经插补运算得到一系列进给脉冲作为指令脉冲,其数量代表了工作台的指令进给量,频率代表了工作台的进给速度,方向代表了工作台的进给方向。以增量式编码器为例,当光电编码器与伺服电动机及滚珠丝杠直联时,随着伺服电动机的转动,产生序列脉冲输出,脉冲的频率将随着转速的快慢而升降。

① 工作台处于静止状态时,指令脉冲 $P_c = 0$,这时反馈脉冲 $P_f = 0$,则 $P_e = 0$,伺服电动机的速度给定为零,工作台继续保持静止不动。

② 现有正向指令 $P_c = 2$,根据表 1.1 的定义,可逆计数器加 2,在工作台尚未移动之前,反馈脉冲 $P_{f+} = 0$,可逆计数器输出 $P_e = P_{c+} - P_{f+} = 2 - 0 = 2 > 0$,经转换,速度指令为正,伺服电动机正转,工作台正向进给。

③ 工作台正向运动,即有反馈脉冲 P_{f+} 产生,当 $P_{f+} = 1$ 时,根据表 1.1 的定义,可逆计数器减 1,此时 $P_e = P_{c+} - P_{f+} = 2 - 1 > 0$,伺服电动机仍正转,工作台继续正向进给。

④ 当 $P_{f+} = 2$ 时,$P_e = P_{c+} - P_{f+} = 2 - 2 = 0$,则速度指令为零,伺服电动机停转,工作台停止在位置指令所要求的位置。

⑤ 当指令脉冲为反向 P_{c-} 时,控制过程与正向时相同,只是 $P_e < 0$,工作台反向进给。

脉冲分离电路的作用是:在加、减脉冲先后分别来到时,各自按规则通过加法计数端或减法计数端进入可逆计数器;若加、减脉冲同时来到,则由该电路保证先作加法计数,再作减法计数,这样可保证两路计数脉冲均不会丢失。

可逆计数器中的值代表了机床当前位置与目标位置之间的距离。计数器中数值越大,说明离目标位置的距离越远,将以高的速度接近目标位置;随着计数器中数值的减小,速度也就慢下来,直到速度为零。

当采用绝对式编码器时,通常情况下,先将位置检测的代码反馈信号经数码-数字转换,变成数字脉冲信号,再进行脉冲比较。当位置检测装置采用感应同步器或旋转变压器时,位置比较常采用相位比较和幅值比较,在相位比较中,先将检测装置的输出信号转换成脉冲信号,再与指令脉冲进行相位比较,用相位差进行位置控制。

(2) 速度控制指令的实现。经位置控制的脉冲比较获得的位置偏差均以脉冲的形式存在,该位置偏差经一定的转换后,形成速度控制指令信号(可为模拟电压 -10 V～+10 V 或数字信号),作为伺服驱动装置的控制信号。速度控制指令信号的大小与伺服电动机的转速成正比,速度控制指令信号的正、负决定了伺服电动机的正、反转。位置偏差的转换如下:

$$速度指令(VCMD) = 位置偏差(P_e) \times 位置环增益(K_V)$$

位置环增益(loop gain)也就是进给速度放大系数,是机床伺服系统的基本指标之一,它决定了速度对位置偏差的响应程度,反映了伺服系统的灵敏度。它不仅影响着系统的稳定性、系统刚度、灵敏度,还影响着机床工作台的进给速度和稳态误差。在混合式伺服系统中,利用软件可以对 K_V 进行调节,以实现伺服系统时刻处于最佳增益工作状态。位置增益好比汽车方向盘的灵敏度,K_V 的大小与机械的负载特性有很大关系,K_V 越大,响应越快。一般大型机床 $K_V = (20 \sim 40)/s$,中、小型机床 $K_V = (30 \sim 60)/s$。FANUC 0i 系列 CNC 中,参数号 1825 中存放各轴位置环增益,通常设为 30/s。

模块 2 数控系统的连接

数控系统是数控机床的核心,本模块以 FANCU 0i - C 数控系统为代表进行讲解,共分为 2 个项目,第一个项目对数控装置、伺服驱动装置、伺服电机、主轴电机、检测装置等主要功能部件的接口定义、功能和特点进行介绍;第二个项目详细介绍各功能部件间的连接方法。通过本模块的学习,读者在进行功能部件认识和连接的同时,对数控机床的组成和工作原理将有进一步的了解,为数控机床的故障维修和后续课程打下基础。

项目 2.1 数控系统主要功能部件的认识

【知识目标】

(1) FANUC 0i - C 数控装置的接口定义。

(2) 交流同步伺服电动的特点和选型。

(3) 交流主轴电机的特点和选型。

(4) 位置检测装置的结构和工作原理。

(5) 电源模块、伺服模块和主轴模块的接口定义和特点。

【能力目标】

(1) 能根据数控装置上表明的接口名称,掌握数控装置的控制对象。

(2) 能正确选用伺服电机和主轴电机。

(3) 能进行位置检测装置的安装。

(4) 能根据电源模块、伺服模块和主轴模块的接口名称,掌握各接口的连接对象。

【学习重点】

伺服电机和主轴电机的选型。

2.1.1 FANUC 0i - C 数控装置

目前,市面上广泛使用的数控系统有很多种,常见的有西门子系统、法那克系统、三菱系统、海德汉数控系统、华中数控系统等。其中,日本 FANUC 公司的数控系统具有高质量、高性能、全功能的特点，适用于各种机床和生产机械，更为重要的是，FANUC系统对于电压、温度等外界条件的要求不很高，对我国工业环境的适应性很强，因此，在国内市场的占有率较高。

1) FANUC 数控系统概述

目前在国内市场上常见的 FANUC 数控系统有：

FANUC 0 C/D 系列；

FANUC 0i A/B/C/D 系列；

FANUC 21/21i 系列；

FANUC 16/16i 系列；

FANUC 18/18i 系列；

FANUC 15/15i 系列；

FANUC 30i/31i/32 i 系列；

FANUC Power-Mate 系列；

总体上讲，FANUC 0 C/D 系列、FANUC 0i A/B/C 系列以及 FANUC 21i 系列数控系统用于 4 轴以下的普及型数控机床。

FANUC 0 C/D 系列是 20 世纪 90 年代的产品，早已停产，该系统硬件为双列直插型大板结构，CPU 是 Intel-486 系列，驱动采用全数字伺服。

FANUC 0i A/B/C/D 系列是 2000 年后北京 FANUC 公司的新一代产品，硬件采用 SMT-表面贴装，驱动采用 α 及 αi 系列或 β 及 βi 系列全数字伺服，特别是 αi 采用 FSSB（FANUC，Serial Servo Bus）总线结构，光缆传输，具有 HRV（High Response Vector，高速响应矢量控制）功能，可以实现高精度高轮廓精度加工。

FANUC 0i D 系列是北京 FANUC 公司于 2008 年 9 月推出的新高性价比的产品，该产品采用 FANUC 30i/31i/32i 平台技术，数字伺服采用 HRV3 及 HRV4，可以具有纳米插补（nano interpolation）功能，可以实现高精度纳米加工，同时系统具有高精度轮廓控制（AI Contour Control，AICC）功能，特别适宜高速、高精度、微小程序段模具加工。在 PMC 配置上也有了较大的改进，采用了新版本的 FLADDER 梯形图处理软件，增加到了 125 个专用功能指令，并且可以自己定义功能块，可实现多通道 PMC 程序处理，兼容 C 语言 PMC 程序。作为应用层的开发工具，提供了 C 语言接口，机床厂可以方便地用 C 语言开发专用的操作界面。

FANUC 21/21i 系列数控系统和 FANUC 0i C 数控系统基本上是同类系统，由 FANUC 公司本土生产，主要在海外市场销售。

FANUC 16i/18i 系列数控系统属于 FANUC 中档系统，适用于 5 轴以上的卧式加工中心、龙门镗铣床、龙门加工中心等。

FANCU 15/15i 系列数控系统是 FANUC 公司的全功能系统，软件丰富，可扩充联动轴数多。

FANUC 30i/31i/32i 系列采用新一代数控系统 HRV4,可以实现纳米级加工,用于医疗器械、大规模集成电路芯片模具加工等。

FANUC Power-Mate 系列一般与上述系统 Link 线相连,用于上下料、刀库、鼠牙盘转台等非插补轴定位控制。

FANUC Open CNC(FANUC 00/210/160/180/150/320 等)是在上述系统系列标志后面加上"0"表示 Open CNC——开放式数控系统。所谓开发式数控系统,就是可以在 FANUC 公司产品平台外,灵活挂接非 FANUC 公司产品,如工业 PC 机+Windows 软件平台+FANUC NC 硬件+FANUC 驱动,或 FANUC 硬件平台+Windows 软件平台,便于机床制造厂开发工艺软件和操作界面。

本书将围绕 FANUC 0i-C 介绍数控系统安装与调试的方法。

2) FANUC 0i-C 数控系统的基本配置

FANUC 0i-C 数控系统是高可靠性、高性价比、高集成度的小型化系统,使用了高速串行伺服总线(光缆连接)和串行 I/O 数据口,有以太网接口。装备该系统的机床可以单机运行,也可以方便地入网用于柔性加工生产线系统。FANUC 0i-C 系统具有高精、高速加工等控制功能:AI 前瞻控制、AI 轮廓控制、刚性攻丝、坐标系旋转、自动转角速度倍率控制、比例缩放、刀具寿命管理、复合加工循环、直接尺寸编程、用户宏程序/宏执行器、圆柱插补、极坐标插补、记忆型螺距补偿等功能,此外还具备针对磨床的独特控制、以太网、数据服务器等功能。FANUC 0i-C 数控系统的基本配置如图 2.1 所示。

(1) 显示器与 MDI 键盘。系统的显示器使用 LCD(液晶显示器),可以是单色的也可以是彩色的,在显示器的右边或下面有 MDI 键盘。

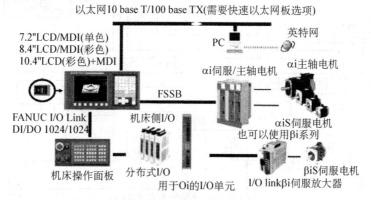

图 2.1　FANUC 0i-C 数控系统的基本配置图

（2）进给伺服。经 FANUC 串行伺服总线 FSSB,用一条光缆与多个进给伺服放大器（αi 系列）相连,最多可接 4 个进给轴电动机。

（3）主轴电动机控制。主轴电动机控制有模拟接口（输出$-10\sim+10$ V 模拟电压）和串行口（二进制数据串行传送）两种。串行口只能用 FANUC 主轴驱动器和主轴电动机。

（4）机床强电的 I/O 接口。FANUC 0i-C 取消了内置的 I/O 卡,只用 I/O 模块或 I/O 单元,最多可连接 1 024 个输入点和 1 024 个输出点。

（5）I/O LINK βi 伺服。可以使用经 I/O LINK 口连接的 β 伺服放大器驱动和 βi 电动机,用于驱动外部机械（如换刀、交换工作台、上下料装置等）。

（6）网络接口。经该口可连接车间或工厂的主控计算机,为了将 CNC 侧的各种信息传送至主机并在其上显示,FANUC 开发了相应软件。以太网有 3 种形式：以太网板、数据服务器板和 PCMCIA 网卡,可根据使用情况选择。

（7）数据输入/输出。FANUC 0i-C 有 RS232-C 和 PCMCIA 口。经 RS232-C可与计算机连接,在 PCMCIA 口中可插入以太网卡或 ATA 存储卡。

3）FANUC 0i-C 数控装置的基本硬件

FANUC 0i-C 数控装置主要由轴控制卡、显示卡、CPU 卡、存储器和电源单元等组成,工作原理框图如图 2.2 所示。

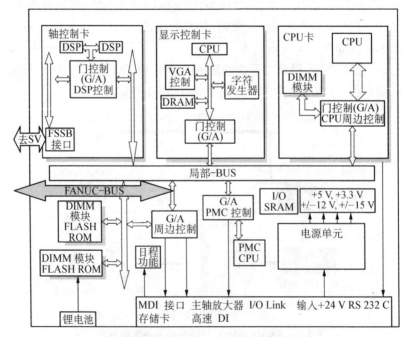

图 2.2　FANUC 0i-C 系列工作原理框图

（1）轴控制卡。目前数控机床广泛采用全数字伺服交流同步电机控制。全数字伺服的运算以及脉冲调制已经以软件的形式打包装入 CNC 系统内（写入 F-ROM 中），支撑伺服软件运算的硬件环境由数字信号处理器（Digital Signal Process，DSP）以及周边电路组成，这就是所谓的"轴控制卡"。

（2）显示卡。显示卡是数控系统 CPU 与显示器之间的重要配件，因此也叫"显示适配器"。显示卡的作用是在 CPU 的控制下，将主机送来的显示数据转换成为视频和同步信号给显示器，最后再由显示器输出各种各样的图像。

（3）CPU 卡。负责整个系统的运算、中断控制等。

（4）存储器。由 F-ROM、S-RAM、D-RAM 组成。

快速可改写只读存储器（Flash Read Only Memory，F-ROM）存放着 FANUC 公司的系统软件，包括插补控制软件、数字伺服软件、PMC 控制软件、PMC 控制程序、网络通信软件、图形显示软件等。

静态随机存储器（Static Random Access Memory，S-RAM）存放着机床厂及用户数据，包括系统参数、加工程序、用户宏程序及宏变量、PMC 参数、刀具补偿及工件坐标补偿参数、螺距误差补偿数据等。

动态随机存储器（Dynamic Random Access Memory，D-RAM）作为工作存储器，在控制系统中起缓存作用。

（5）电源单元。电源单元是数控系统的基本组成部分，根据输出功率的不同有不同的型号，主要是为系统内部提供 5 V、15 V、24 V 电源。

（6）主板。在系统中又称 Mother Board，它包含 CPU 外围电路、I/O Link（串行输入/输出转换电路）、数字主轴电路、模拟主轴电路、RS232C 数据输入/输出电路、MDI（手动数据输入）接口电路、高速输入信号（High Speed Skip）、闪存卡接口电路等。

4）FANUC 0i-C 数控装置的接口

FANUC 0i-C 数控装置接口定义如图 2.3 所示。

（1）CP1——DC24V 电源输入。

（2）CA55——MDI 键盘。

（3）JD36A、JD36B——RS232-C 串行口。

（4）JA40——模拟主轴或高速跳转插座。

（5）JD1A——I/O LINK 总线接口。

（6）JA7A——串行主轴接口及位置编码器接口。

（7）COP10A-1、COP10A-2——FSSB 总线接口。

（8）CA69——伺服检查板接口。

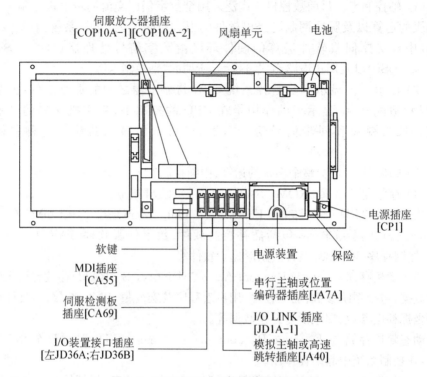

图 2.3　FANUC 0i‑C 数控装置接口定义

当基本功能不能满足机床工作需要时，就需要增加选择配置板。FANUC 0i‑C 数控系统的控制单元可以选择两个插槽（见图 2.4），可以增加选择配置板，如以太网板、串行通信板、HSSB 接口板、数据服务器板等，其中，数据服务器板和以太网板不能用于紧邻的 LCD 的插槽。

选择卡的功能如下：

（1）数据服务器板。FANUC 基本系统的内存容量非常有限，SRAM 容量根据订货不同一般为 512 KB～2 MB，如果需要加大内存、提高缓存速度，可以通过追加数据服务器板扩容提速。数据服务器卡作为选项卡插在 CNC 本体上，通过它把 CNC 存储器内的 NC 程序作为主程序，用调用子程序的方法调用装在数据服务卡上（硬盘或 Flash 卡）的 NC 程序，这样可以进行高速加工，并且硬盘或 Flash 卡上的 NC 程序经以太网与主机进行高速输出/输入。

（2）HSSB（High Speed Serial Bus）板。高速串行总线，用于上位机或工作站与数控系统的通信。如 FMS 柔性制造系统、CIMS 计算机集成制造系统需要通过 HSSB 协议构成自动化工厂管理，也有些机床制造商，根据机床的特点，开发自己

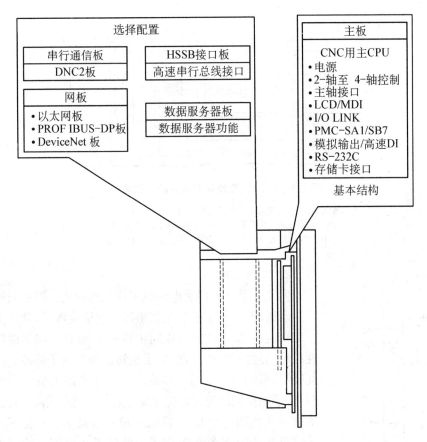

图 2.4　数控装置结构图

的 CPU 单元,编制自己的操作人机界面,然后将处理后的数据通过 HSSB 送到 FANUC 的 CNC 中。

（3）串行通信板。内含 Remote buffer 功能以及 DNC1/DNC2 功能。

2.1.2　交流同步伺服电动机

1）结构

交流同步伺服电机主要由定子、转子和检测元件三部分组成,其中定子与普通的交流感应电机基本相同,由定子冲片、三相绕组线圈、支撑转子的前后端盖和轴承等组成;转子由多对极的磁钢和电机轴构成;检测元件由安装在电机尾端的位置编码器构成。图 2.5 为 FANUC 伺服电机的内部结构图。

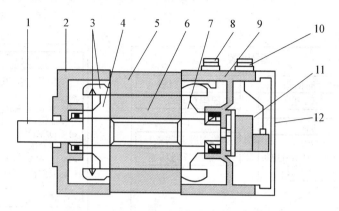

图 2.5　FANUC 交流伺服电机的内部结构

1—电机轴；2—前端盖；3—三相绕组线圈；4—压板；5—定子；
6—磁钢；7—后压板；8—动力线插头；9—后端盖；
10—反馈线插头；11—脉冲编码器；12—电机后盖

2）工作原理

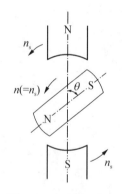

图 2.6　交流伺服电动机的工作原理

图 2.6 是交流伺服电动机工作原理简图。图中只画了一对永磁转子，当定子三相绕组通上交流电源后，就产生一个旋转磁场，旋转磁场将以同步转速 n_s 旋转。根据磁极同性相斥、异性相吸的原理，定子旋转磁极与转子旋转磁极相互吸引，带动转子一起同步旋转。当转子加上负载转矩之后，转子磁极轴线将落后定子磁场轴线一个 θ 角，随着负载增加，θ 角也随之增大，负载减小，θ 角也减小。只要不超过一定限度，转子始终跟着定子的旋转磁场以恒定的同步转速 n_s 旋转。当负载超过一定极限后，转子不再按同步转速旋转，甚至可能不转，这就是同步电动机的失步现象，此负载的极限称为最大同步转矩。

3）调速方法

交流伺服电机旋转磁场的同步转速 n_s 用公式表示为：

$$n_s = \frac{60 \cdot f_1}{p} \qquad (2-1)$$

式中，f_1：通电频率（HZ）；

　　P：定子极对数。

由式（2-1）可以看出交流伺服电机调速的主要方法是调节定子绕组供电频率 f_1 和磁极对数 p。

4) 工作特性

交流伺服电动机的性能可用特性曲线和数据表来反映。其中,最重要的是电动机的工作曲线即转矩-速度特性曲线,如图 2.7 所示。

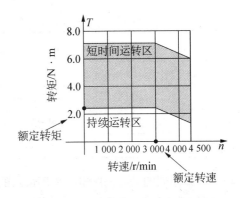

图 2.7 伺服电机转矩-速度特性曲线

从图 2.7 中可以看出,在额定转速以下,电机能输出基本不变的转矩,伺服电机通常工作在该速度区间,此速度称为额定转速。在持续运转区,转速和转矩的任意组合可长时间连续工作,该区域的划分受到电动机温度限制。在短时间运转区,电动机只允许短时间工作或周期间歇工作,间歇循环允许时间的长短因载荷大小而异。最大转矩主要受永磁材料的性能限制。

电机主要特性参数如下:

(1) 额定转速 T_e——名牌速度,是电动机在额定电压和频率下输出额定功率的速度。

(2) 额定转矩 n_e——电动机在额定转速以下所能输出的长时间工作转矩。

(3) 额定功率 P_e——电动机长时间连续运行所能输出的最大功率,在数值上约为额定转矩与额定转速的乘积。

(4) 失速转矩——零速时的转矩,此时电机作为电制动器将所带的负载保持在指定位置,称正常工作时的励磁制动。

$$P_e = \frac{T_e \cdot n_e}{9\,550} \tag{2-2}$$

式中,P_e:额定功率(kW);

T_e:额定转矩(N·m);

n_e:额定转速(r/min)。

由于电机的功率也是电机电压与电机中流过的电流大小的乘积,在电机电压一定的时候,负载转矩越大,则电机中的电流越大。

5) 交流伺服电动机的选型

(1) αi 系列交流伺服电机。FANUC αi 系列交流伺服电机包括 αiS 和 αiF 系列,如表 2.1 所示。

表 2.1　FANUC αi 交流伺服电机

系列	电压	转矩	特　征	应用场合
αiS	200 V	2～500 N·m	高的加速性能	车床、加工中心、磨床
	400 V	2～3 000 N·m	应用于三相交流 400 V 输入电压	
αiF	200 V	1～53 N·m	适用于中等惯量的机床进给轴	
	400 V	4～22 N·m	应用于三相交流 400 V 输入电压	

　　αiS 系列的交流伺服电机采用最新的稀土磁性材料钕—铁—硼,这种铁磁材料具有高的磁能积,磁路经过有限元分析以达到最佳设计。转子采用所谓的 IPM 结构,即把磁铁嵌在转子的磁轭里面,与以前的 α 系列比较,其速度和出力增加了 30%,或者说,同样的出力,同样的法兰尺寸,电机的长短缩小了 20%。转子的结构不但具有力学的特征,如鲁棒性、高度平衡及适宜于高速运转等。另外,由于减小电机的电枢反应,优化了磁路的磁饱和,于是减小了电机的尺寸,适应了高加速度的要求。

　　αiF 系列的交流伺服电机采用铁氧体磁性材料,其成本比 αiS 系列采用的钕—铁—硼稀土磁性材料要低些,但不论是 αiS 还是 αiF 系列的交流伺服电机,均为高性能的交流同步电机。

　　(2) βi 系列交流伺服电机。FANUC βi 系列交流伺服电机备有 200 V 和 400 V 两种输入电源规格。如表 2.2 所示

表 2.2　FANUC βi 交流伺服电机

系列	电压	转矩	特　征	应用场合
βiS	200 V	0.2～20 N·m	高性价比,小容量驱动	数控机床进给轴控制、外围设备控制、其他机械装置
	400 V	2～20 N·m	应用于三相交流 400 V 输入电压	

　　βi 系列交流伺服电机同样具有模块结构简单、节省空间、发热少等优点,同样是节能型放大器,但是由于电机磁性材料采用经济型的稀土磁性材料,所以属于经济型驱动电机,主要置于 FANUC Mate 系列的数控系统,如 0i‑Mate MC/TC 的数控系统,并且伺服电机一般不超过 22 N·m。这种 βi 系列交流伺服电机及驱动也适于 PMC 轴的控制(由于通过 I/O Link 线连接,也称 Link 轴),用于刀库、齿牙盘转台、机械手的定位控制。

　　6) FANUC 伺服电机的命名

　　FANUC 公司驱动产品,一般主轴电机规格以功率表示,而伺服电机规格则以转矩表示,例如 FANUC αi 系列主轴电机标牌为 αi22,表明该主轴电机功率为

22 kW,而 FANUC αi 系列伺服电机标牌为 αi22,则表示伺服电机转矩为 22 N·m。

转矩和功率的换算关系

$$N = 9\,559\,\frac{P}{n} \tag{2-3}$$

式中,N:转矩,N·m;

　　　P:功率,kW;

　　　n:转速,r/min。

如 FANUC i22/3000(额定转矩 22 N·m,最高转速)的伺服电机,由式(2-2)可知,在最高转速 3 000 r/min 时,输出功率约为 6.9 kW;在转速 100 r/min 时,输出功率约为 2.3 kW。

2.1.3　交流主轴电机

1) 主传动的变速方式

数控机床主传动系统是用来实现机床主运动的,它将主电动机的原动力变成可供主轴上刀具切削加工的切削力矩和切削速度。为了适应各种不同的加工材料及各种不同的加工方法,数控机床的主传动系统应具有较大的调速范围,以保证加工时能选用合理的切削用量,同时主传动系统还需要有较高的精度和刚度并尽可能降低噪音,从而获得最佳的生产率、加工精度和表面质量。常见的主传动变速方式有带和齿轮传动、带传动等。

（1）带和齿轮变速的主传动。这是大、中型数控机床使用较多的一种主传动配置方式,如图 2.8 所示。

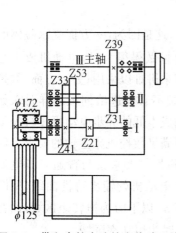

图 2.8　带和齿轮变速的主传动系统

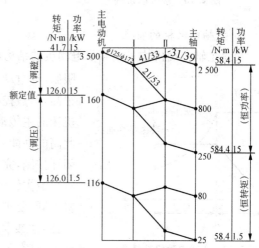

图 2.9　带和齿轮变速的主轴转速图

　　主轴电动机通过带传动和主轴箱 2～3 级变速齿轮带动主轴运转,由于主轴的变速是通过主轴电动机无级变速与齿轮的有级变速相配合来实现的,因此,既可以扩大主轴的调速范围,又可扩大主轴的输出功率。图 2.9 为图 2.8 所示主传动系统的主轴转速图。

　　(2) 带传动的主传动。这是一种由主轴电动机经带直接带动主轴的方式,一般适用于中小型数控机床,如图 2.10 所示。图 2.11 为图 2.10 所示主传动系统的主轴转速图。

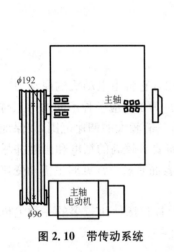

图 2.10　带传动系统

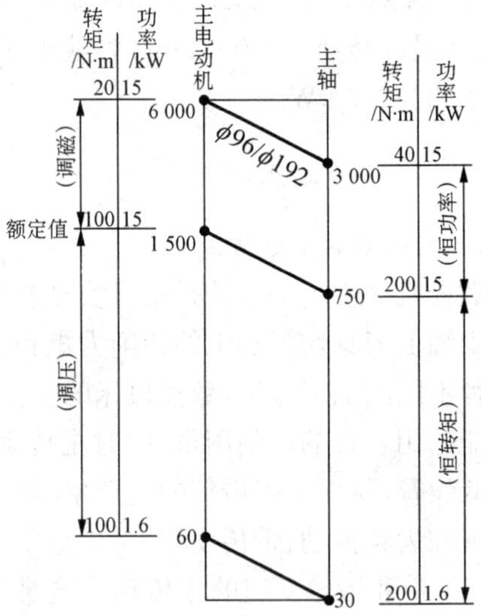

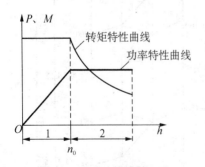

图 2.11　带传动的主轴转速图

　　2) 主轴电动机的特点

交流主轴电动机均采用异步电动机的结构形式,这是因为,一方面受永磁体的限制,当电动机容量做得很大时,电动机成本会很高,对数控机床来讲难以采用;另一方面,数控机床的主传动系统不必像进给伺服那样要求如此高的性能,采用成本低的异步电动机进行矢量闭环控制,完全可满足数控机床主轴的要求。但对交流主轴电动机性能要求又与普通异步电动机不同,要求主轴电动机的输出特性曲线(见图 2.12)在基本速度 n_0 以下时为恒转矩区域,而在基本速度 n_0 以上时为恒功率区域。

图 2.12　主轴电动机特性曲线

为了满足数控机床对主轴驱动的要求,主轴电动机必须具备下列功能特点:

(1) 输出功率大。

(2) 在整个调速范围内速度稳定且功率范围宽。

(3) 在断续负载下电动机转速波动小,过载能力强。

(4) 加速时间短。

(5) 电机升温低、振动、噪声小。

(6) 电动机可靠性高、寿命长、易维护。

(7) 体积小、质量轻。

3) FANUC 交流主轴电机

目前在国内 0i 系列上采用的 FANUC 主轴电机,均采用交流感应异步电机,它不同于用于伺服驱动的交流同步电机,交流感应异步电动机的控制原理如图 2.13 所示。

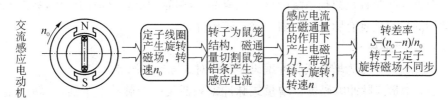

图 2.13 交流感应异步电动机控制原理

交流感应异步电动机通过有效的控制可以使电动机在额定转速区间工作,额定转速范围内的恒功率输出是感应电动机的特性。在数控机床中这一特性被用于主轴驱动,因为刀具切削时需要稳定的输出功率。

交流感应异步电机基于材料的选择不同,分为 αi 和 βi 系列,αi 系列主轴为高性能主轴驱动,βi 系列主轴为经济型结构。

(1) FANUC αi 系列主轴电机。FANUC αi 系列交流主轴电机包括:αiI、αiIP、αiIT、αiIL 系列,如表 2.3 所示。

表 2.3 FANUC αi 系列交流主轴电机

系列	额定输出功率/kW	特　征	应用场合
αiI(200 V)	0.55~45	标准配置的机床主轴电机	数控车床、加工中心
αiI(400 V)	0.55~100	可直接连接到 400 V 的输入电源	
αiIP	0.55~30	无需减速单元、宽范围的恒定输出	
αiIT	1.5~22	用于加工中心上的直接主轴连接	
αiIL	7.5~30	用于高精度加工中心上的直接主轴连接、液体冷却	

FANUC αi 系列交流主轴电机具有以下特点：①不同系列的电机可以满足多种主轴驱动结构的要求；②可获得较宽的额定功率输出范围；③采用了新的定子冷却方式；④振动可达到 V3 级；⑤冷却风扇的排风方向可选，冷却效果更好；⑥用户可根据主轴配置与主轴功能选用内置速度传感器 αiM 或 αiMZ；⑦按照 IEC 标准进行防水与抗压设计等。

（2）FANUC βi 系列。FANUC βi 系列交流主轴电机属于高性价比的主轴电机，其性能非常适合于机床的主轴驱动，具有如下特点：①尺寸紧凑、基本性能高，优化的线圈设计和有效的冷却结构实现了主轴的高效率、高扭矩、安装尺寸也更加紧凑；②通过主轴 HRV 控制实现了高效率与低热量。

2.1.4　位置检测装置

位置检测装置是数控系统的重要组成部分，起着测量和反馈的作用，数控机床中常用的检测装置有脉冲编码器、光栅、磁栅等。

1）脉冲编码器

脉冲编码器分为增量式脉冲编码器和绝对式脉冲编码器。

（1）增量式脉冲编码器。增量式脉冲编码器是一个脉冲发生器，每转产生一定数量的脉冲，它的特点是只能测量位移增量，因此均有零点标志，作为测量基准。

常用的增量式编码器为增量式光电编码器，结构形式如图 2.14 所示。光电码

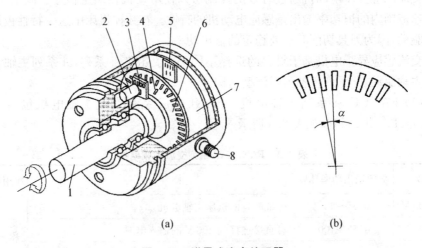

(a)　　　　　　　　　　　　　(b)

图 2.14　增量式光电编码器

(a) 结构组成；(b) 码盘条纹及分辨率
1—转轴；2—LED；3—光栏板；4—零标志槽；5—光敏元件；
6—码盘；7—印制电路板；8—电源及信号连接座

盘和转轴连在一起。码盘可用玻璃材料制成,表面镀上一层不透光的金属铬,然后在边缘制成向心透光狭缝。透光狭缝在码盘圆周上等分,数量从几百条到几千条不等。这样,整个码盘圆周上就等分成透明和不透明区域。除此之外,增量式光电码盘也可以用不锈钢薄板制成,在圆周边缘切割出均匀分布的透光槽,其余部分均不透光。光源最常用的是有聚光效果的 LED,当光电码盘随转轴一起转动时,在光源的照射下,透过光电码盘和光栅板狭缝形成忽明忽暗的光信号,光敏元件的排列与光栅板上的条纹相对应,光敏元件将此光信号转换成脉冲信号。

光电编码器的测量精度取决于它所能分辨的最小角度,而这与码盘圆周上的狭缝条纹数 n 有关,最小分辨角度的计算公式为:

$$\alpha = \frac{360°}{n} \tag{2-4}$$

例如,条纹数 n 为 1 024,则分辨角度 $\alpha = 360°/1\ 024 = 0.325°$。

光电编码器常用 PC(Pulse Coder)来表示,意为脉冲编码器,也有用 ENC(Encoder)来表示。

实际应用的光电编码器的光栅板上有 A(A、$\overline{\text{A}}$)组和 B(B、$\overline{\text{B}}$)组两组条纹。A组与 B 组的条纹彼此错开 1/4 节距的整数倍,两组条纹相对应的光敏器件所产生的信号彼此相差 90°相位,用于辨向。当光电码盘正转时,A 组信号超前 B 组信号90°;当光电码盘反转时,B 组信号超前 A 组信号 90°,数控系统正是利用这一相位关系来判断方向的。光电编码器的输出波形如图 2.15 所示,光电编码器的输出信号 A、$\overline{\text{A}}$和 B、$\overline{\text{B}}$为差动信号,差动信号大大提高了传输的抗干扰能力。

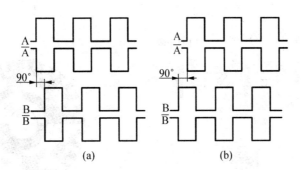

图 2.15 光电编码器的输出波形图

此外,为了得到码盘转动的绝对位置,还须设置一个基准点,在光电码盘的里圈还有一条透光条纹 C,用以每转产生一个脉冲,该脉冲信号又称"一转脉冲"或"零标志脉冲"。

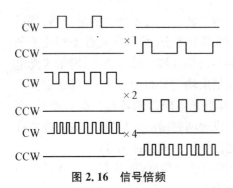

图 2.16 信号倍频

在数控系统中,常对上述信号进行倍频处理,进一步提高分辨率,如图 2.16 所示。

例如,配置 2 000 脉冲/r 光电编码器的伺服电动机,直接驱动 8 mm 螺杆的滚珠丝杠,经数控系统 4 倍频处理后,相当于 8 000 脉冲/r 的角分辨率,对应工作台的直线分辨率由倍频前的 0.004 mm 提高到 0.001 mm。

(2) 绝对脉冲编码器。绝对式编码器旋转时,有与位置一一对应的代码(二进制、BCD 码等)输出,从代码的变更即可判断正、反方向和运动所处的位置。因此,在使用绝对式编码器作为测量反馈元件的系统中,机床调试第一次开机调整到合适的参考点后,只要绝对式编码器的后备电池有效,此后的每次开机,不必再进行回参考点操作。

图 2.17 为绝对式光电编码器的示意图。绝对式编码器的工作原理与增量式编码器大致相同,不同之处在于圆盘上透光、不透光的区域,其中,黑的区域是不透光区,用"0"表示;白的区域是透光区,用"1"表示,因此绝对式编码器直接输出数字量编码。如图 2.17 所示,在码盘的一侧是光源,另一侧对应每一码道有一光敏元件,当码盘处于不同位置时,各光敏元件根据受光照是否转换出相应的电平信号,形成二进制数。显然,码道越多,分辨率越高,如 6 位二进制码盘,能分辨出 2^6 个位置。

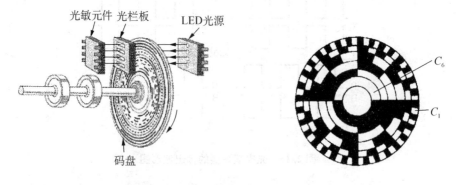

图 2.17 绝对式编码器的结构和工作原理

(3) 编码器的命名规则。编码器的命名规则如图 2.18 所示。

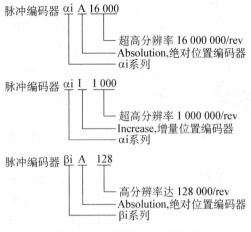

图 2.18 编码器的命名规则

2）光栅

光栅是一种高精度的位置传感器,数控机床中用的光栅为计量光栅,有长光栅和圆光栅两大类。长光栅用于直线位移测量,故又称直线光栅,直线光栅用于工作台或刀架的直线位移测量,并组成位置闭环伺服系统;圆光栅用于角位移测量,这常用于回转工作台的角位移测量。长光栅和圆光栅两者工作原理基本相似,图2.19为直线光栅外观及截面示意图。

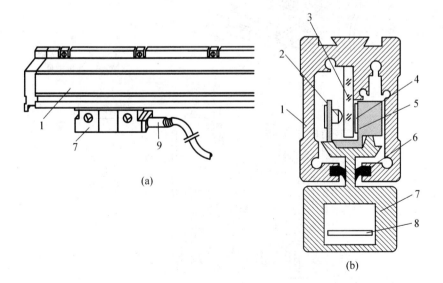

(a)

(b)

图 2.19 直线光栅外观及截面示意图

1—尺身；2—透镜；3—标尺光栅；4—指示光栅；5—游标；6—密封唇；7—读数头；8—电子线路；9—信号电缆

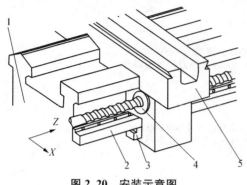

图 2.20 安装示意图

1—床身；2—标尺光栅；3—读数头；
4—滚珠丝杠螺母副；5—床鞍

安装时,标尺光栅固定在床身上,指示光栅和光源、透镜、光敏器件装在读数头中,随读数头移动。图 2.20 为直线光栅在数控车床上的安装示意图。

光栅尺是在透明玻璃片或长条形金属镜面上,用真空镀膜的方法刻制均匀密集的线纹。对于长光栅,这些线纹相互平行,各线纹之间距离相等,我们称此距离为栅距 ω,每毫米长度上的线纹称为线密度 K,常见的直线光栅的线密度为 50 线/mm,100 线/mm,200 线/mm(见图 2.21)。对于圆光栅,这些线纹是等栅距角的向心条纹,直径为 70 mm,一周内刻线 100~768 条;若直径为 110 mm,一周内刻线达 600~1 024 条,甚至更高。对于同一光栅元件,其标尺光栅和指示光栅的线纹密度必须相同。

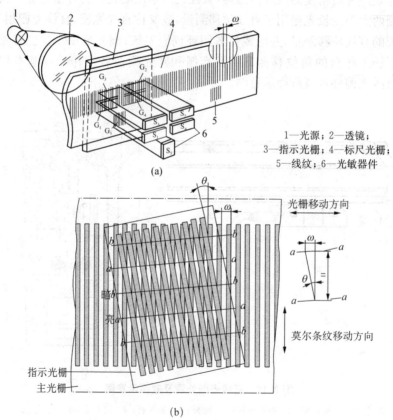

1—光源；2—透镜；
3—指示光栅；4—标尺光栅；
5—线纹；6—光敏器件

(a)

指示光栅
主光栅

(b)

图 2.21 透射光栅结构组成及工作原理

读数头的光源一般采用白炽灯泡,白炽灯泡发出的辐射光线,经过透镜后变成平行光束,照射在光栅尺上。光敏元件是一种将光强信号转换为电信号的光电转换元件,它接受透过光栅尺的光强信号,并将其转换成与之成比例的电压信号。

安装时,标尺光栅和指示光栅相距 0.05～0.1 mm 间隙,并且其线纹相互偏斜一个很小的角度 θ,两光栅线纹相交,如图 2.21 所示。当指示光栅和标尺光栅相对左右移动时,就会形成上下移动且明暗相间的条纹,该条纹称为莫尔条纹。莫尔条纹的方向与光栅线纹方向大致垂直,两条莫尔条纹间的间距称为纹距 W,如果栅距为 ω,则有 $W = \omega/\theta$,当工作台左右移动一个栅距 ω 时,莫尔条纹向上或向下移动一个纹距 W。莫尔条纹由光敏器件接受,从而产生电信号。

2.1.5 αi 系列伺服驱动系统的三大模块

FANUC 0i - C 数控系统中采用 αi 系列伺服驱动系统,该系统由电源模块(Power Source Module,PSM)、主轴模块(Spindle Module,SPM)和伺服模块(Servo Module,SVM)等组成,总体连接如图 2.22 所示。

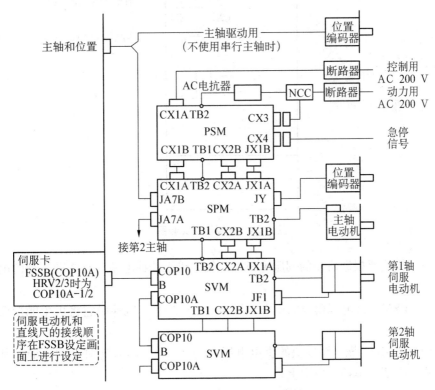

图 2.22 αi 系列伺服驱动系统总体连接图

1）电源模块

图 2.23 为电源模块实装图,电源模块是为主轴和伺服提供逆变直流电源的模块,三相 200 V 输入经 PSM 处理后,向直流母排输入 DC300 V 电压供主轴和伺服放大器用。另外,PSM 模块中有输入保护电路,通过外部急停信号和内部继电器控制主接触器(MCC),起到输入保护作用。

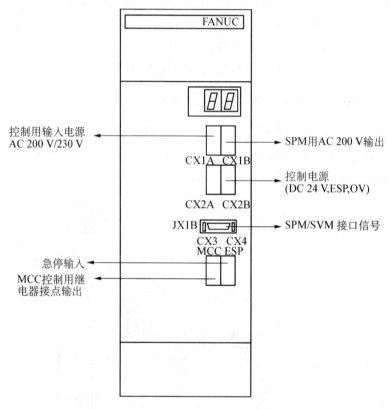

图 2.23　电源模块实装图

电源模块要根据所用的伺服电机和主轴电机来选择电源。有 3 种类型的电源模块:

（1）PSM。该电源模块的供电电压为 200~240 V,减速时它将再生能量反馈至电网。

（2）PSMR。该电源模块的供电电压为 200~240 V,减速时它利用能耗制动形式将再生能量消耗在电阻上。

（3）PSM‑HV。该电源模块的供电电压为 400~480 V,因此可直接供电而无

需变压器,电机减速时它将再生能量反馈至电网。该模块需与 400 - V 系列伺服放
大器模块(SVM - HV)和主轴放大器(SPM - HV)配套使用。

型号识别举例:PSM - 11HV。其中 PSM 代表电源模块;11 表示连续的额定
输出功率为 11 kW;HV 表示输入电压为 400 V,如果输入电压为 200 V,则无需
此项。

2) 伺服放大器模块 SVM

图 2.24 为伺服放大器模块的实装图。伺服放大器模块用来驱动伺服电机,需
根据伺服电机来选择匹配的伺服驱动器。根据控制的轴数不同伺服模块可以分为
单轴模块、两轴模块和三轴模块,根据输入电压的不同可以分为 200 - V 系列、
400 - V系列。说明如下:

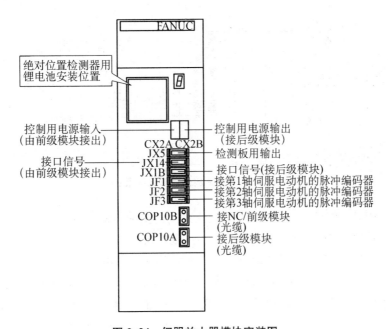

图 2.24　伺服放大器模块实装图

(1) SVM。这种伺服放大器驱动 200 - V 输入系列的伺服电机,有驱动 1 轴、2
轴和 3 轴等不同轴数的模块。

(2) SVM - HV。这种伺服放大器驱动 400 - V 输入系列的伺服电机,有驱动
1 轴、2 轴和 3 轴等不同轴数的模块。

型号识别举例:SVM2 - 20/40HV。其中 SVM 代表伺服放大器模块;2 代表
控制的轴数;20 表示第 1 轴的峰值电流为 20 A;40 代表第 2 轴的峰值电流为
40 A;HV表示输入电压为 400 V,如果无此项,表示输入电压为 200 V。

3）主轴放大器模块 SPM

图 2.25 为主轴放大器模块实装图。主轴放大器模块用来驱动主轴电机,需根据驱动的主轴电机来选择对应的主轴放大器。有 3 种类型的主轴放大器模块。

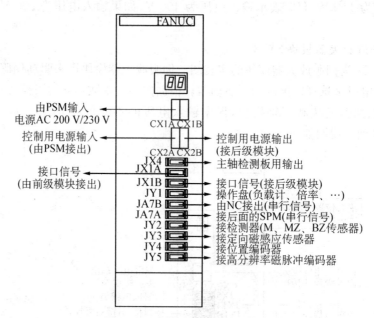

由PSM输入
电源AC 200 V/230 V

CX1A CX1B

控制用电源输入
（由PSM接出）

CX2A CX2B

接口信号
（由前级模块接出）

JX4
JX1A
JX1B
JY1
JA7B
JA7A
JY2
JY3
JY4
JY5

控制用电源输出
(接后级模块)

主轴检测板用输出

接口信号(接后级模块)
操作盘(负载计、倍率、…)
由NC接出(串行信号)
接后面的SPM(串行信号)
接检测器(M、MZ、BZ传感器)
接定向磁感应传感器
接位置编码器
接高分辨率磁脉冲编码器

图 2.25   主轴放大器模块实装图

（1）SPM。该模块驱动 200 - V 输入系列的主轴电机。

（2）SPMC。该模块驱动 αCi 系列的主轴电机。

（3）SPM - HV。该模块驱动 400 - V 系列的主轴电机。

型号识别举例:SPM - 11HV。其中 SPM 代表主轴放大器模块;11 表示额定输出功率为 11 kW;HV 表示输入电压为 400 V,输入电压为 200 V 时,则无此项。

项目 2.2   功能部件的连接

【知识目标】

（1）CNC 上电回路的连接方法。

（2）CNC 与主轴单元的连接方法。

（3）CNC 与伺服单元的连接方法。

（4）紧急停止线路的连接方法。

（5）电机制动器的连接方法。

（6）FANUC αi 伺服驱动系统的连接方法。

（7）位置检测装置在数控机床中的应用。

【能力目标】

（1）能设计 CNC 上电回路。

（2）能进行 CNC 与主轴单元的连接。

（3）能进行 CNC 与伺服单元的连接。

（4）能进行 FANUC αi 伺服驱动系统的连接。

（5）能正确选用和应用位置检测装置。

【学习重点】

FANUC αi 伺服驱动系统的连接。

2.2.1　电源的连接

电源主要指 CNC 电源和伺服放大器电源，这两个电源的通电及断电的顺序是有要求的，不满足要求会出现报警或损坏驱动放大器，原则上是要保证通电和断电都在 CNC 的控制下。图 2.26 绘出了 AC200 V 电流的 ON/OFF 电路 A 和 DC24 V 电源的 ON/OFF 电路 B，一般不采用 DC24 V 电源的 ON/OFF 电路 B。

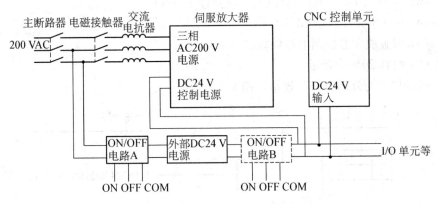

图 2.26　CNC 和伺服放大器电源连接回路

1）通断电顺序

按下列顺序接通各单元的电源或全部同时接通。

（1）机床的电源（三相 AC200 V）。

（2）伺服放大器的控制电源（DC24 V）。

（3）I/O Link 连接的从属 I/O 设备，显示器的电源（DC24 V），CNC 控制单元的电源。

"全部同时通电"的意思是在上述（3）通电后 500 ms 内结束（1）和（2）通电操作。

按下列顺序关断各单元的电源或者全部同时关断。

（1）I/O Link 连接的从属 I/O 单元，显示器的电源（DC24 V），CNC 控制单元的电源。

（2）伺服放大器的控制电源（DC24 V）。

（3）机床的电源（三相 AC200 V）。

"全部同时关断"的意思是：在上述（1）操作前 500 ms 内完成（2）和（3）的操作，否则将有报警发生。

2）CNC 控制单元的电源连接

CNC 控制单元的电源是由外部 DC24 V 电源提供的，可使用开关电源。开关电源是把 AC220 V 输入电源整流输出为 DC24 V 的稳压电源，供给 CNC 控制单元使用。FANUC 0i - C CNC 的电源电压范围为 DC24 V±10%，即电源电压的瞬间变化和波动要求在 10%在内。

CNC 开关电源容量的选择应为下列项目之和：

（1）控制器中各印刷板耗容。

（2）MDI 键盘耗容。

（3）LCD 或 CRT 的耗容（以上 3 项共计 1.5 A）。

（4）I/O 单元耗容（约 1 A）。

（5）伺服放大器控制电路耗容（1.5 A）。

（6）约有 20%的余量。

控制单元与外部电源的连接如图 2.27 所示。

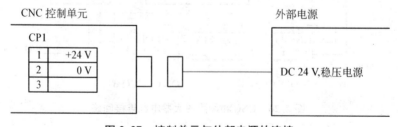

图 2.27　控制单元与外部电源的连接

3）CNC 上电回路设计

CNC 控制单元上电回路建议使用图 2.28 所示的电路。

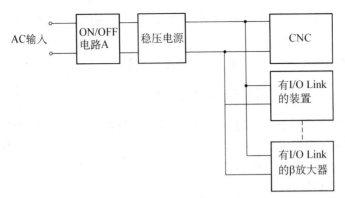

图 2.28　推荐使用的控制单元 ON/OFF 电路

设计案例：在 VMC750 加工中心上的 CNC 上电回路如图 2.29 所示。

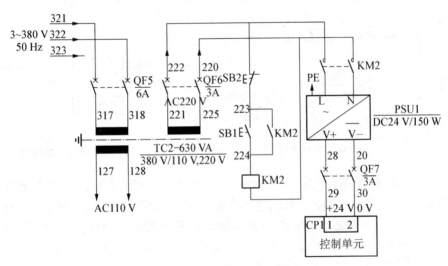

图 2.29　VMC 750 加工中心中 CNC 上电回路图

(1) CNC 主回路各元件的作用如下：

① 隔离变压器 TC2——使 CNC 电源与电网隔离。

② 稳压电源 PSU1——将 AV220 V 交流转换为 DC24 V 直流。

③ 断路器 QF7——CNC 电源短路保护，正常时接通。

④ 接触器触点 KM2——控制 CNC 电源的通断。

⑤ CNC 控制单元——最终控制对象。

(2) CNC 控制回路元件的作用如下：

① SB1、SB2——分别为机床控制面板上的 CNC 启动和 CNC 停止按钮。

② CNC 启动按钮 SB1——接通 CNC 电源(正常时触点断开)。

③ CNC 停止按钮 SB2——切断 CNC 电源(正常时触点闭合)。

④ 接触器线圈 KM2——接通 CNC 电源(线圈通电,主触点闭合,CNC 通电)。

2.2.2　CNC 与主轴单元的连接

在 CNC 中,主轴转速通过 S 指令进行编程,被编程的 S 指令可以转换为模拟电压或数字量输出,因此主轴的转速有两种控制方式:一种是模拟量输出控制(简称模拟主轴),另一种是利用串行总线进行控制(简称串行主轴)。

1) 模拟主轴连接

模拟主轴驱动采用 CNC 侧－10 V～＋10 V 模拟指令信号,外接第三方变频调速器,加之三相异步电机作为主轴驱动。连接如图 2.30 所示。这种方案成本低,使用灵活,多用于经济型配置的数控车床以及中高档的各类数控磨床中。

图 2.30　模拟主轴连接　　　　**图 2.31　变频器的基本构成**

变频器即电压频率变换器,是一种将固定频率的交流电变成频率、电压连续可调的交流电,以供给电动机运转的电源装置。目前,通用变频器几乎都是交—直—交型变频器,主要由整流器和逆变器、控制电路等组成,如图 2.31 所示。小功率变频电源产品的外形如图 2.32 所示。

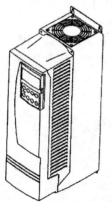

图 2.32　变频器电源外形

2) 串行主轴连接

串行主轴驱动的指令及反馈实现数字控制,可以实现 C_s 轴控制(通过异步电机的矢量控制,可以实现定位控制),通常用于中、高档数控车削中心、卧式加工中心等,特点是可以实现位置控制,但成本高。本节以主轴放大器模块 SPM 为例,介绍串行主轴的连接方法。

CNC 系统的 JA7A 接口与串行主轴的放大器的 JA7B 接口通过串行数据电缆进行连接,第二串行主轴作为主轴放大器的分支进行连接,如图 2.33 所示。αi 主轴不能使用通常的 I/O Link 光缆适配器,必须选择规格为 A13B‑0154‑B003 的光缆适配器。

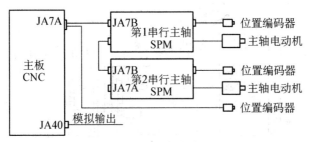

图 2.33 串行主轴的连接

3）串行主轴的反馈

FANUC 0i 数控系统串行伺服主轴反馈主要由电动机内部 M 传感器、电动机内部 M 传感器＋主轴定向、电动机内部 M 传感器＋主轴位置编码器、BZ 传感器、BZi 传感器＋CZi 传感器等 5 种方式。

（1）电动机内部 M 传感器。M 传感器内部有 A/B 相两种信号，一般用来检测主轴电动机的转速。这种连接的特点是：仅有速度反馈，主轴既不可以实现位置控制，也不能做简单定向。图 2.34 为 M 传感器的连接。

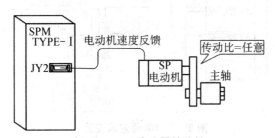

图 2.34 M 传感器的连接

（2）电动机内部 M 传感器＋主轴定向。这种结构在 M 传感器的基础上增加了一个定向开关，所以可以实现主轴定向。图 2.35 为 M 传感器＋主轴定向的连接。

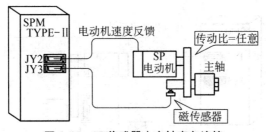

图 2.35 M 传感器＋主轴定向连接

（3）电机内部 M 传感器＋主轴位置编码器。这种结构在 M 传感器的基础上增加了一个主轴位置编码器，可以输出位置脉冲信号和一转脉冲信号。图 2.36 为

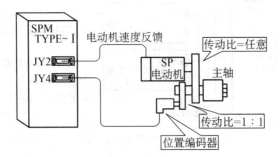

图 2.36　M 传感器＋主轴位置编码器的连接

M 传感器＋位置编码器的连接。

(4) BZ 传感器。BZ 传感器是装在机床主轴上的,有 A、B、Z 三种信号,除了可以检测主轴的速度、位置外,还可检测主轴的固定位置。图 2.37 为 BZ 传感器的连接。

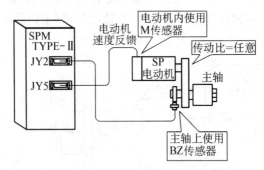

图 2.37　BZ 传感器安装

(5) BZi 传感器＋CZi 传感器。SPM 通过内部电路接受由 BZi 传感器和 CZi 传感器发出的信号,可得到每转 36 万或 360 万脉冲的高分辨率。因此,可进行 C 轴控制和 Cs 轮廓控制。图 2.38 为 BZi＋CZi 传感器安装。

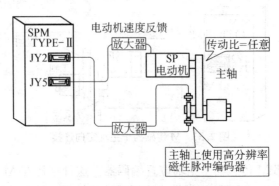

图 2.38　高分辨率传感器的连接

由于 BZi 传感器和 CZi 传感器为高分辨率检测装置,加之主轴的 HRV 控制,可实现异步电机的高精度定位。图 2.39 为主轴的 HRV 控制。

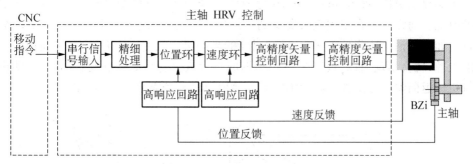

图 2.39 主轴 HRV 控制

2.2.3 CNC 与伺服单元的连接

CNC 控制单元与伺服放大器之间只用一根光缆连接,与控制轴无关。在控制单元侧,COP10A 插头安装在主板的伺服卡上,如图 2.40 所示。

当使用分离型编码器或直线尺时,需要图 2.41 所示的分离型检测器接口单元,分离型检测器接口单元应该通过光缆连接到 CNC 控制单元上,作为伺服接口(FSSB)的单元之一。虽然在图 2.40 中分离型检测器接口单元作为 FSSB 的最终极连接,但它也可作为第一级连接到 CNC 控制单元,或者也可以安装在两个伺服放大器模块之间。

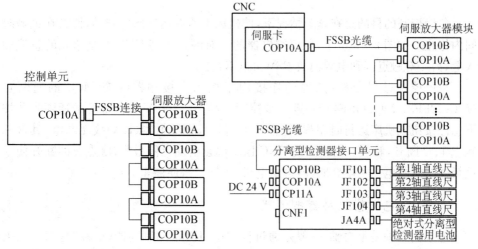

图 2.40 CNC 与伺服放大器的连接 **图 2.41 分离型检测器接口单元连接**

分离型检测器接口单元的 JA4A 与电池盒(见图 2.42)连接。一个电池单元可以使 6 个绝对脉冲编码器的当前位置值保持一年,当电池电压降低时,LCD 显示器上会显示 APC 报警 3n6～3n8(n 为轴号)。当出现 APC 报警 3n7 时,应尽快更换电池。通常应该在出现该报警 1 到 2 周内更换,这取决于使用脉冲编码器的数量。如果电池电压降低太多,脉冲编码器的当前位置就可能丢失,此时接通控制器的电源,就会出现 APC 报警 3n0(请求返回参考点报警),更换电池后,就应立即进行机床返回参考点操作。因此不管有无 APC 报警,都需每年更换一次电池。

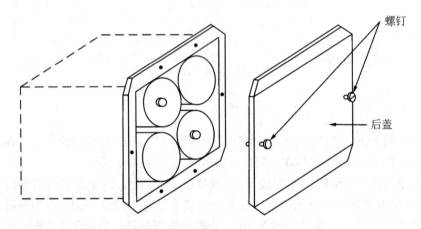

螺钉

后盖

图 2.42   分离型电池脉冲编码器的电池

2.2.4   急停的连接

急停控制的目的是在紧急情况下,使机床上所有运动部件制动,使其在最短时间内停止。如图 2.43 所示,急停继电器的一对触点接到 CNC 控制单元的急停输入上,另一对触点接到电源模块 PSW 的 CX4 上;

急停控制过程分析:急停的连接用于控制主接触器线圈 MCC 的通断点(MCCOFF3、MCCOFF4),并进一步控制三相 AC 200 V 交流电源的通断。若按下急停按钮或机床运行时超程(行程开关断开),则继电器(KA)线圈断电,其常开触点 1、2 断开,触点 1 的断开使 CNC 控制单元出现急停报警,触点 2 的断开使主接触器线圈断电。主电路断开,进给电机、主轴电机便停止运行。

2.2.5   电动机制动器的连接

如果伺服轴是重力轴,一般是通过伺服电机自带的制动器(也称"抱闸")在失电状态下制动,所以是"失电电磁制动器"。

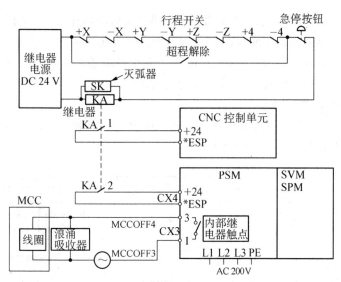

图 2.43 急停控制线路

通电后的保持电压是 DC 24 V 的,FANUC 系统一旦按下紧急停止开关,或出现系统报警,均要立即将重力轴制动,并且伺服驱动器切断输入的动力电源。一旦失电制动失效,伺服或系统报警时,重力轴就会下滑,非常危险。因此熟悉FANUC 伺服电机制动原理,在日常维修保养中非常重要。

1) 电机内置制动器

目前中小型数控机床最为常见的进给传动形式是通过滚珠丝杠螺母副,将伺服电动机的旋转运动变成直线运动。但由于滚珠丝杠螺母副运动的可逆性,即一方面能将旋转运动转换成直线运动,反过来也能将直线运动转换成旋转运动,并不能实现自锁。因此,机床不用或突然断电时,对于垂直传动或水平放置的高速大惯量运动,必须装有制动装置,使用具有制动装置的电动机是最简单的方法。

电磁制动器的结构如图 2.44 所示,制动盘与转子用花健连接,随转子一起转动,并可轴向移动。电动机正常运行时,电磁制动器线圈得电,

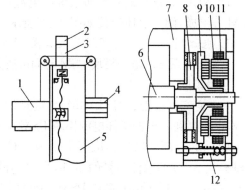

图 2.44 电磁制动器

1—主轴箱;2—电磁制动器;3—伺服电动机;4—配重;
5—立柱;6—转子;7—电动机定子机壳;8—制动盘;
9—衔铁;10—电磁铁芯;11—制动器线圈;12—弹簧

衔铁在电磁力的作用下克服弹簧力与铁芯吸合,制动盘松开,电动机处于放松状态;制动时,电磁制动器线圈失电,电磁力消失,衔铁在弹簧的作用下快速轴向移动并推动制动盘,使制动盘被紧紧压在衔铁和电动机端盖之间,于是,通过制动盘产生的摩擦力矩将电动机转子锁紧,从而产生制动效果。

2) 电磁制动器的连接

图 2.45 为伺服电动机电磁制动器的连接图。图中的开关为 I/O 输出点的继电器常开触点,控制制动器的开闭。

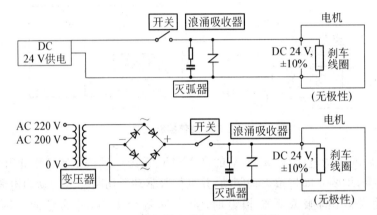

图 2.45   伺服电动机制动器的连接

2.2.6   αi 系列伺服驱动系统的连接

FANUC αi 系列伺服驱动系统由电源模块 PSM、主轴模块 SPM 和伺服模块 SVM 等组成,硬件总体连接如图 2.22 所示。

1) 电源模块 PSM 与伺服放大器模 SVM 的连接

FANUC 系统的电源模块 PSM 与伺服放大器模块 SVM 的连接如图 2.46 所示。信号说明:

(1) 逆变器报警信号(IALM)。这是把在伺服放大器模块 SVM 或主轴模块 SPM 中检测到的报警通知电源模块 PSM 的信号。

(2) MCC 断开信号(MCOFF)。从 NC 侧到 SVM,根据 * MCON 信号和送到主轴模块 SPM 的急停信号的条件,当主轴模块 SPM 或伺服放大器模块 SVM 停止时,由本信号通知电源模块 PSM。PSM 接到本信号后,即接通内部的 MCCOFF 信号,断开输入端的 MCC(电磁开关)。

(3) 变换器(电源模块)准备就绪信号(* CRDY)。电源模块 PSM 的输入接上三相200 V 动力电源,经过一定时间后,内部电源(DC Link 直流环,约 300 V)启动,

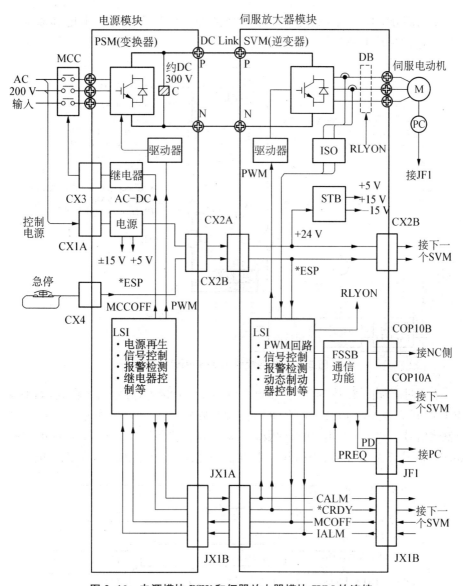

图 2.46　电源模块 PSW 和伺服放大器模块 SVM 的连接

电源模块 PSM 通过本信号,将其准备就绪通知主轴模块 SPM 和伺服放大器模块 SVM。但是,当 PSM 内检测到报警,或从电源模块 SPM 或伺服放大器模块 SVM 接收到"IALM"、"MCOFF"信号,立即切断本信号。

(4) 变换器报警信号(CLAM)。该信号作用是在电源模块 PSM 检测到报警信号后,通知主轴模块 SPM 和伺服放大器模块 SVM,停止电动机转动。

驱动部分上电顺序:系统利用上面所述部分信号进行保护上电和断电。图 2.47 为电源模块 PSM 外围保护电路。

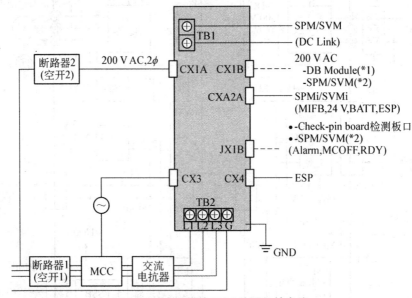

图 2.47   电源模块 PSM 外围保护电路

上电过程如图 2.48 所示:控制电源两相 200 V 接入,急停信号释放,如果没有 MCC 断开信号 MCCOFF,外部 MCC 接触器吸合,三相 200 V 动力电源接入,变换器就绪信号 * CRDY发出,如果伺服放大器准备就绪,发出 * DRDY (Digital Servo Ready)信号,SA (Servo Already 伺服准备好)信号发出,完成一个周期上电。

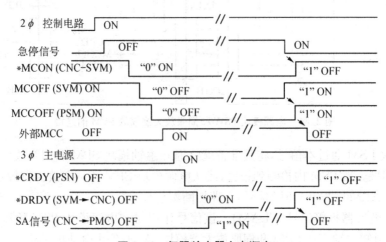

图 2.48   伺服放大器上电顺序

2) 电源模块 PSM 与主轴模块 SPM 的连接

串行主轴放大器模块 SPM 与电源单元 PSM 的连接如图 2.49 所示。工作过程：当 CNC 准备完成后，CNC 输出系统准备信号（Machine Already，MA），之后驱动电源回路（在没有紧急停止的状态下）将主轴模块 SPM 内的继电器吸合，致使 MCC 得电，MCC 触点吸合，三相 200 V（对于高压驱动进入三相 400 V）动力电源接入电源模块 PSM，主轴单元及伺服放大器进入工作状态。

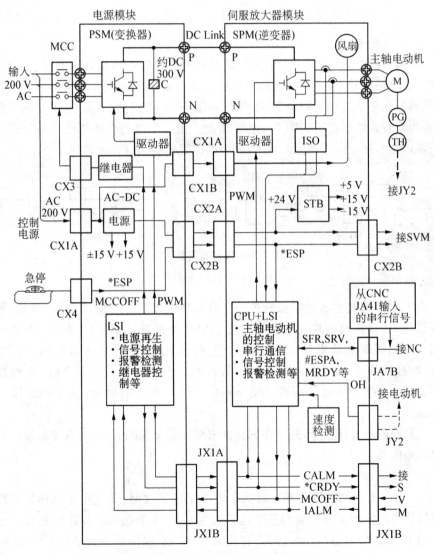

图 2.49　电源模块 PSM 与主轴放大器模块 SPM 的连接

一旦 CNC,或者伺服放大器侧,或者反馈元件故障,或者紧急停止信号激活,均导致电源模块 PSM 中继电器立即跳掉,MCC 触点立即断开,三相动力电源立即切断,又由于 MCC 的切断,利用 B 类触点(失电闭合),FANUC 电机定子线圈各绕组间立即形成闭合回路状态,形成一个阻尼磁场,给电机施加了一个制动力,既安全保护了驱动回路不再有动力电源的进入,同时也通过辅助制动,使执行机构尽快停止。

2.2.7　编码器在数控机床中的应用

1) 位移测量

编码器在数控机床中用于工作台或刀架的直线位移测量有两种安装方式:一是和伺服电机同轴连接在一起(称为内装式编码器),伺服电动机再和滚珠丝杠连接,编码器在进给转动链的前端,如图 2.50(a)所示;二是编码器连接在滚珠丝杠末端(称为外装式编码器),如图 2.50(b)所示。由于后者包含的进给传动链误差比前者多,因此,在半闭环伺服系统中,后者的位置控制精度比前者高。

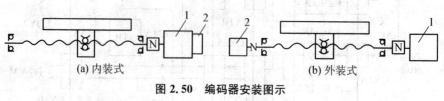

图 2.50　编码器安装图示

1—伺服电机;2—编码器

由于增量式光电编码器每转过一个分辨角就发出一个脉冲信号,因此,根据脉冲数量、传动比及滚珠丝杠螺距即可得出移动部件的直线位移量。如某带光电编码器的伺服电动机和滚珠丝杠直连(传动比 1∶1),光电编码器 1 024 脉冲/r,丝杠螺距 8 mm,在数控系统位置控制时间内计数 2 048 个脉冲,则在该时间段里,工作台移动的距离为 8 mm/r×(1/1 024 r/脉冲)×2 048 脉冲=16 mm。

在数控回转工作台中,通过在回转轴末端安装角编码器,就可直接测量回转工作台的角位移。

2) 主轴控制

(1)螺纹车削和刚性攻丝。卧式车床在车削螺纹时,通过在主轴箱和进给箱之间挂装齿轮实现主轴转动和进给运动的匹配,从而切削不同螺距的螺纹。数控机床的主轴转动和进给运动之间没有机械方面的直接联系。为了加工螺纹,就要求主轴转速和刀具进给速度有一定的对应关系。为了保证切削螺纹的螺距,就必

须有固定的起刀点和退刀点,如图 2.51
所示。

安装在主轴上的光电编码器在切削
螺纹时主要解决两个问题:

① 通过对编码器输出脉冲的计算,
保证主轴每转一周,刀具准确地移动一
个螺距(导程)。

② 螺纹加工一般要经过几次切削
才能完成,每次重复切削,开始进刀的位

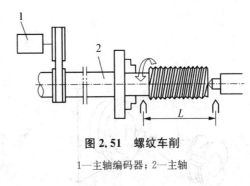

图 2.51　螺纹车削

1—主轴编码器;2—主轴

置必须相同。为了保证重复切削不乱扣,数控系统在接收到光电编码器中的一转
脉冲后才开始螺纹切削的计算。

加工中心用丝锥攻螺纹时,如果主轴或主轴电
动机上配置编码器,就能实现轴向(Z 向)进给与主
轴旋转同步,实现刚性攻螺纹,提高螺纹加工精度。

(2)恒线速切削控制。车床和磨床进行断面
或锥面切削时,为了使加工表面粗糙度保持一定的
数值,要求刀具与工件接触点的线速度为恒值,如
图 2.52 所示。随着刀具的径向进给及切削直径的
逐渐减小或增大,应不断提高或降低主轴转速,保
持切削速度 v_c 为常值,即

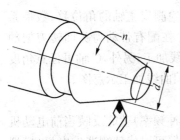

图 2.52　恒线速切削

$$v_c = \frac{\pi d n}{1\,000} \tag{2-5}$$

式中,v_c:切削速度(m/min)。

d:工件切削处直径(mm)。

n:主轴转速(r/min)。

工件切削直径 d 随刀具进给不断变化,由位置检测装置如光电编码器检测获
得,测量数据经软件处理后即得到主轴转速 n,转换成速度控制信号后至主轴驱动
装置,控制主轴的转速。

(3)主轴定向控制。通过安装在主轴或主轴电动机上的编码器,实现加工中
自动换刀或精镗孔退刀时的主轴定向控制。在加工中心中,切削转矩通常是通过
主轴上的断面键和刀柄上的键槽来传递的,因此每一次自动换刀时,都必须使刀柄
上的键槽对准主轴上的断面键,使机床换刀能够顺利进行,如图 2.53 所示。机床
在换刀时必须要对主轴进行定向,也称为主轴准停。

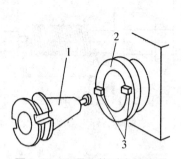

图 2.53 刀具交换时主轴定向

1—刀柄；2—主轴；3—定位键

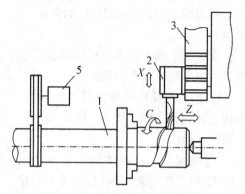

图 2.54 空间曲线加工示意图

1—车床主轴；2—动力头；3—回转刀架

（4）C 轴控制。数控车床配置主轴编码器后，能检测出主轴的角位移，数控系统对主轴角位移进行控制，主轴就具有了 C 轴功能。在配有带动力头回转刀架的数控车床上，C 轴和 X 轴或 Z 轴联动，可完成空间曲线加工；另外，C 轴可任意角度定位，由动力头进行平面铣削或钻孔。图 2.54 为空间曲线加工示意图。

3）测速

通过计算每秒光电编码器输出脉冲的个数（即脉冲频率）就能反映当前电动机的转速，这种测速方法属于数字测速，因此，光电编码器可以代替测速发电机（模拟测速），向速度环提供反馈值，如图 2.55 所示。测速度可以无限累加测量，目前增量式编码器在测速应用方面仍处于无可取代的位置。

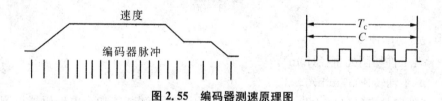

图 2.55 编码器测速原理图

转速的计算公式为：

$$n = \frac{60 \cdot C}{N \cdot T_C} \tag{2-6}$$

式中，n：转速，单位：r/min。

N：编码器每转脉冲数；

C：在时间间隔内脉冲总计数；

T_C:计数时间间隔,单位:S。

例如,某编码器为 1 024 脉冲/r,在 0.4 s 时间内测得 4 K 脉冲(1 K=1 024),则转速 n 为:

$$n = \frac{60 \times 4 \times 1\,024}{1\,024 \times 0.4} = 600 \text{ r/min}$$

模块 3　数控系统参数设置与调整

数控机床的参数十分重要,参数的设定会直接影响到机床的性能和正常运行,在机床使用过程中,根据实际情况对其进行更改、优化、可以弥补机械或电气设计方面的不足,让机床运行在最佳状态。本模块共分为六个项目,分别介绍了参数的类型及设定方法、伺服参数的设定及调整、主轴参数的设定、螺距误差补偿及反向间隙补偿参数设定、回参考点参数设定、参数的备份和恢复等 6 个方面的内容。

项目 3.1　参数类型及设置方法

【知识目标】

(1) 参数的类型。

(2) 参数显示的方法。

(3) 参数设置的一般方法。

(4) 基本轴参数的含义。

【能力目标】

(1) 能依据参数分类标准进行参数的分类。

(2) 能进行参数的显示与设置。

(3) 能根据实际工作条件设置基本轴参数。

【学习重点】

基本轴参数的含义及设定方法。

3.1.1　FANUC 数控系统参数分类

根据参数功能的不同,FANUC 数控系统参数可以分为以下几大类:

(1) 与各轴的控制和设定单位相关的参数,参数号 NO. 1001~1023。

(2) 与机床坐标系的设定、参考点、原点相关的参数,参数号 NO. 1201~1280。

(3) 与存储行程相关的参数,参数号 NO. 1300~1327。

(4) 与机床各轴进给、快速移动速度、手动速度相关的参数,参数号 NO.

1401～1465。

（5）与加减速控制相关的参数,参数号 NO. 1601～1785。

（6）与程序编制相关的参数,参数号 NO. 3401～3460。

（7）与主轴控制相关的参数,参数号 NO. 3700～4974。

（8）与图形显示相关的参数,参数号 NO. 6300。

（9）与加工运行相关的参数,参数号 NO. 5000、6000、7000 等。

（10）与 PMC 的轴控制相关的参数,参数号 NO. 8000～8100。

（11）基本功能参数,参数号 NO. 8130～8134。

（12）维修用参数,参数号 NO. 8900～8950。

根据数据形式不同,数控系统参数可以分为位型、位轴型、字节型、字节轴型、字型、字轴型、双字型、双字轴型等,如表 3.1 所示。

表 3.1 参数数据形式

数据形式	取值范围	说　明
位型	0 或 1	
位轴型		
字节型	−128～127 0～256	有些参数不使用符号
字节轴型		
字型	−32 768～32 767 0～65 535	有些参数不使用符号
字轴型		
双字型	−99 999 999～99 999 999	
双字轴型		

位型和位轴型参数,每个参数号由 8(♯0～♯7)位组成,每一位有不同的意义,数据格式为:数据号♯位号,比如参数号 NO. 8031 的第 3 位表示为:8031♯2。对于轴型参数允许参数分别设定给每个控制轴。

3.1.2 系统参数设置的一般方法

1）上电全清

当系统第一次通电时,需先做个全清,也就是在上电时,同时按下 MDI 面板上[RESET]键和[DEL]键,全清后一般会出现报警,如表 3.2 所示。

2）数控系统参数的显示与设置

（1）显示机床参数。按 MDI 面板上的功能键【SYSTEM】一次或多次后,再按

表 3.2　上电全清后出现的系统报警

报警号	含　义	报警原因及对策
100	参数可输入	原因:参数写保护打开,设定画面第一项 PWE=1
506/507	硬超程报警	原因:梯形图中没有处理硬件限位信号 对策:设定 3004♯5(OTH)为 1 可消除
417	伺服参数设定不正确	对策:重新设定伺服参数,进行伺服参数初始化
5136	FSSB 电机号码太小	原因:FSSB 设定没有完成或根本没有设定 对策:如果需要系统不带电调试,把 1023 设定为－1,屏蔽伺服电机,可消除 5136 报警

软键[参数],选择参数画面。参数画面由多页组成,通过以下两种方法显示需要显示的参数:

　　① 用翻页键或光标移动键,显示需要的参数。

　　② 从键盘上输入要寻找的参数号,再按软键[NO. 检索],显示画面到达要寻找参数的画面,并且光标停在指定参数的位置。

　　(2) 设定机床参数。

　　① 将 NC 置于 MDI 方式或急停状态。

　　② 按 MDI 面板上功能键【OFFSET SETTING】,再按软键[SETTING],显示设定画面,如图 3.1 所示。

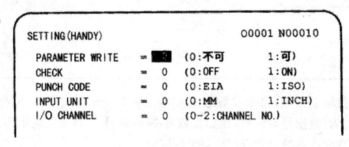

图 3.1　参数设定画面

　　③ 将 PARAMETER WRITE=0(0:不可,1:可),修改为"1",这样系统处于参数可写入状态,同时 CNC 发生"P/S100"报警(允许参数写入)。

　　④ 按 MDI 面板上的功能键【SYSTEM】,再按软键[参数],选择参数画面。

　　⑤ 用翻页键或光标移动键,显示需要的参数;或从 MDI 上输入要寻找的参数号,再按软键[NO. 检索],光标停在指定参数的位置。

　　⑥ 输入数据,按软键[输入],输入的数据被设定到光标指示的参数中。

⑦ 设定或修改参数后,将设定画面的"PARAMETER WRITE＝1"修改为"PARAMETER WRITE＝0",以禁止参数设定。

⑧ 复位 CNC,结束"P/S100"报警。有的参数修改后需要断一次电才能生效,此时会出现 P/S 报警(NO.000:需切断电源),这时需要关断电源再开机。

3.1.3 基本轴参数设置

所谓基本轴参数,是指该数控系统最终使用了几个轴、各轴的命名、是直线轴还是旋转轴、系统的最小检测单位(最小输入单位)、指令制式(公制/英制)等基本轴控制数量。

(1) 公英制选择。表明该系统编程指令是公制或英制输入。

NO.1001♯0(INM)＝0:公制输入。

　　　　　　　　　＝1:英制输入。

(2) 最小输入单位。表明该系统编程指令输入的最小输入单位。

NO.1004♯1 和♯0(ISC 和 ISA)＝00:0.001 mm,0.001°或 0.000 1 in(简称 IS‐B)。

　　　　　　　　　　　　　＝01:0.01 mm,0.01°或 0.001 in(简称 IS‐A)。

　　　　　　　　　　　　　＝10:0.000 1 mm,0.000 1°或 0.000 01 in(简称 IS‐C)。

1004♯7＝0:不把各轴的最小设定单位设定为最小移动单位的 10 倍。

　　　　＝1:把各轴的最小设定单位设定为最小移动单位的 10 倍。

(3) 控制轴数。该系统的总控制轴数。

NO.1010:CNC 控制轴数。

NO.8130:CNC 总控制轴数。

(4) 各轴的命名。在总控制轴数确定的前提下,分别给各轴命名,即编程的命名。

　　X 轴设定值 ＝ 88、Y 轴设定值 ＝ 89、Z 轴设定值 ＝ 90;

　　U 轴设定值 ＝ 85、V 轴设定值 ＝ 86、W 轴设定值 ＝ 87;

　　A 轴设定值 ＝ 65、B 轴设定值 ＝ 66、C 轴设定值 ＝ 67。

(5) 各轴 G00 上限速度和 G01 上限速度。

NO.1420:设定各轴快速移动上限速度。

NO.1422:设定各轴切削进给上限速度。

(6) 各轴位置增益。

NO.1825:设定各轴位置控制中的伺服环增益。

进行直线与圆弧等插补(切削加工)时,将所有轴设定相同的值。机床只做定位时,各轴可设定不同的值。环路增益越大,则位置控制的响应越快,但如果太大,伺服系统不稳定。位置偏差值和进给速度的关系如下:

$$位置偏差值 = \frac{进给速度}{60 \times 环路增益}(mm)$$

(7) 各轴移动时跟随误差的临界值。

NO.1828:设定各轴移动时的位置偏差值(即跟随误差)的临界值。

如果移动中位置偏差量超过最大允许位置偏差量时,会出现伺服报警并立刻停止移动。通常在参数中设定快速移动的位置偏差量,并考虑余量。

$$设定值 = \frac{快速移动速度}{60} \times \frac{1}{伺服环增益} \times \frac{1}{检测单位} \times 1.2$$

(8) 各轴停止时跟随误差的临界值。

NO.1829:各轴停止时位置误差值的临界值。在没有给出移动指令的情况下,位置偏差值超出该设定值时即发出报警。例如,垂直轴上没有装平衡配重块时,如果伺服放大器和伺服电动机状态不好,而伺服电动机上又没有电流流过时,机械就会因自重而下落。

(9) 各轴到位宽度。

NO.1826:设定各轴的到位宽度。

机床位置与指令位置的差(位置偏差值的绝对值)比到位宽度小时,机床即认为到位。

(10) 各轴加减速时间常数。

NO.1620:设定各轴快速进给的直线形加减速时间常数。

NO.1622:设定各轴切削进给的指数形加减速时间常数。

快速进给加减速一般为直线形,切削进给加减速一般为指数形,如图 3.2 所示。

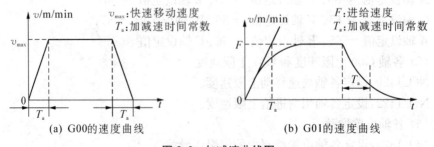

(a) G00的速度曲线　　　(b) G01的速度曲线

图3.2　加减速曲线图

项目 3.2 伺服参数设置及调整

【知识目标】

(1) 伺服参数初始化的目的。

(2) 伺服参数的含义。

(3) 伺服参数初始化的步骤。

(4) 伺服 FSSB 设定的步骤。

【能力目标】

(1) 能进行伺服参数的初始化。

(2) 能进行 FSSB 的设定。

【学习重点】

伺服参数的含义及设定方法。

3.2.1 伺服参数初始化设置的目的

在 FANUC 0i 数控系统参数中,伺服参数是最重要的,也是维修、调试中干预最多的参数。

图 3.3 为 FANUC 0i 系统总线结构,主 CPU 管理整个控制系统,系统软件和伺服软件装在 F - ROM 中,此时 F - ROM 中装载的伺服数据是 FANUC 所有电机型号规格的伺服数据,但具体到某一台机床的某一电机时,需要的伺服数据是唯一的(仅符合这个电机规格的伺服参数)。例如,某机床 X 轴电机为 αi12/3000,Y 轴和 Z 轴电机为 αi22/3000,X 轴通道与 Y 轴、Z 轴通道所需的伺服数据应该是不同的,所以 FANUC 系统加载伺服数据的过程是:第一次调试时,确定各伺服通道的电机规格,将相应的伺服数据写入 S - RAM 中,这个过程称为"伺服参数初始化";之后每次上电时,由 S - RAM 向 D - RAM 写入相应的伺服数据,工作时进行实时运算,软件是以 S - RAM 和 D - RAM 为载体,运算是以 DSP 为核心。

由于伺服参数存在于 S - RAM 中,有易失性,所以系统参数丢失或存储器板维修后,需要很快恢复伺服参数。另外,在日常维修工作中,如遇全闭环改做半闭环实验,或者恢复调乱的伺服参数,都需要进行伺服参数初始化画面的设定与调整。

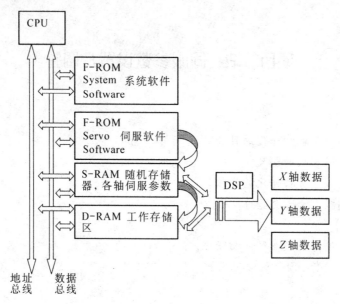

图 3.3　数字伺服总线结构

3.2.2　伺服参数初始化

1）打开伺服参数初始化设定画面

打开伺服参数初始化设定画面的操作步骤如下：

（1）在急停状态下接通电源。

（2）设置参数位 NO.3111♯0＝1，使系统能够显示伺服画面。

（3）暂时切断电源，再次打开电源。

（4）按功能键【SYSTEM】→扩展键［▷］→软键［SV‐PRM］，伺服参数初始化画面如图 3.4 所示。

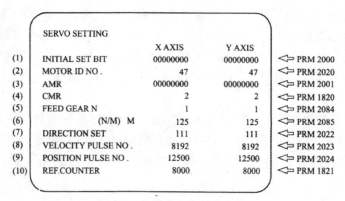

图 3.4　伺服参数初始化画面

2）伺服参数初始化设定

（1）INITIAL SET BIT（初始设定位）：通常设定为 0000 0000。

参数位 NO.2000♯0（PLC01）＝0：使用参数号 NO.2023（速度脉冲数）和参数号
  NO.2024（位置脉冲数）的值，检测单位为 1 μm。

  ＝1：在内部把参数号 NO.2023 和 NO.2024 的
  值乘 10，检测单位为 0.1 μm。

参数位 NO.2000♯1（DGPRM）＝0：进行数字伺服参数的初始化设定。

  ＝1：不进行数字伺服参数的初始化设定。

参数位 NO.2000♯3（PRMCAL）：进行参数初始化设定时，自动变成 1。

（2）MOTOR ID NO（电机 ID 号）：在 F－ROM 中写有很多种电机数据，只要
正确选择各轴所使用的电机代码（MOTOR ID No.——Identification，即电机"身
份识别"号），就可以从 F－ROM 中读取相匹配的数组。

具体的方法为：按照电机型号和规格号（中间 4 位：A06B－××××－B－××
××），从电机规格表中选择相应的电机代码（见表 3.3）

表 3.3 αi/βi 系列电机规格

电机型号	β2/4000is	β4/4000is	β8/3000is	β12/3000is	β22/2000is
电机规格	0061(20A)	0063(20A)	0075(20A)	0078(40A)	0085(40A)
电机代码	153(253)	156(256)	158(258)	172(272)	174(274)
电机型号	αc4/3000i	αc8/2000i	αc12/2000i	αc22/2000i	αc30/1500i
电机规格	0221	0226	0241	0246	0251
电机代码	171(271)	176(276)	191(291)	196(296)	201(301)
电机型号	α1/5000i	α2/5000i	α4/3000i	α8/3000i	α12/3000i
电机规格	0202	0205	0223	0227	0243
电机代码	152(252)	155(255)	173(273)	177(277)	193(293)
电机型号	α22/3000i	α30/3000i	α40/3000i	α40/3000i FAN	
电机规格	0247	0253	0257	0258－β_1_	
电机代码	197(297)	203(303)	207(307)	208(308)	
电机型号	α4/5000is	α8/4000is	α12/4000is	α22/4000is	α30/4000is
电机规格	0215	0235	0238	0265	0268
电机代码	165(265)	185(285)	188(288)	215(315)	218(318)

（续表）

电机型号	α40/4000is	α50/3000is	α50/3000is FAN	α100/2500is	α200/2500is
电机规格	0272	0274	0275－β_1_	0285	0288
电机代码	222(322)	224(324)	225(325)	235(325)	238(328)

表 3.3 为 αi/βi 系列电机规格,不带括号的电机类型是对于 HRV1 的,带括号的电机类型是对于 HRV2 和 HRV3 的。

(3) ARM:根据电动机的编码器输出脉冲数,设定编码器参数 AMR,通常情况下,使用串行脉冲编码器,AMR 设定为 0000 0000。

(4) CMR:指令倍乘比。如图 3.5 所示,伺服位置控制是指令与反馈不断比较运算的结果,为了使反馈脉冲数和指令脉冲数相匹配,FANUC 伺服的解决方案引入了一个当量概念——"指令当量＝反馈当量",也就是说,发出的脉冲数和反馈的脉冲数相匹配。CMR(指令倍乘比)与 DMR(N/M)就是调整"指令当量"和"反馈当量"的参数,通俗地将,它是一个"凑数"的过程,就是想方设法使指令脉冲数和反馈脉冲数建立一个合理的关系。

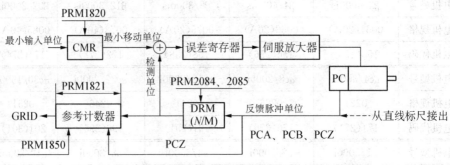

图 3.5　伺服位置控制原理图

最小输入单位、最小移动单位、检测单位和反馈脉冲之间满足的关系如下:

$$\frac{最小输入单位}{CMR} = 最小移动单位 = 检测单位 = \frac{反馈脉冲单位}{DMR}$$

$$反馈脉冲单位 = \frac{脉冲编码器转一转的移动量}{脉冲编码器转一转的脉冲数}$$

指令倍乘比的设定原则:

当 $CMR = 1/27 \sim 1/2$ 时,设定值 $= \dfrac{1}{CMR} + 100$;

当 CMR $= 0.5 \sim 48$ 时，设定值 $= 2 \times$ CMR；

(5) FEED GEAR N：柔性齿轮比（N/M）中的分子。

(6) FEED GEAR M：柔性齿轮比（N/M）中的分母，N/M 相当于 DMR（DMR 用于并行输出型编码器的设定），N/M 按照下式计算：

$$\frac{N}{M} = \frac{\text{电机每转动一转所需的位置脉冲数}}{1\ 000\ 000}$$

对柔性齿轮比，αi 脉冲编码器电机每转 $1\ 000\ 000$ 个脉冲；

对分子和分母，最大设定值（约分后）是 32 767。

电机每转一转所需的位置脉冲数的物理含义是：电机旋转一转，工作台移动的距离换算成位置脉冲，而距离与位置脉冲的关系取决于伺服轴的基本参数位 NO. 1004♯7 最小输入单位的设定，通常该值为 0.001 mm，并代表 1 个脉冲数，假如电机转一转，工作台移动了 10 mm，最小指令单位是 0.001 mm，相当于电机转一转产生 1 000 个脉冲数。

例如，直接连接螺距 5 mm/r 的滚珠丝杠，检测单位为 1 μm 时，电动机每转一转所需的脉冲数为 5 000，电机每转一转就从串行脉冲编码器（电机内装）返回 1 000 000 个脉冲，因此

$$\frac{N}{M} = \frac{5\ \text{mm/r}}{1\ \mu\text{m/脉冲} \times 1\ 000\ 000\ \text{脉冲/r}} = \frac{1}{200}$$

(7) DIRECTION SET：方向设置。标准设定为 111，如果需要设定相反方向，设定 -111。

(8) VELOCITY PULSE NO. ：速度反馈脉冲数。当设定单位为 1 μm 时，设定值为 8 192，当设定单位为 0.1 μm 时，设定值为 819。

(9) POSITION PULSE NO. ：位置反馈脉冲数。当设定单位为 1 μm 时，设定值为 12 500，当设定单位为 0.1 μm 时，设定值为 1 250。

(10) REF COUNTER：参考计数器容量。参考计数器的设定主要用于栅格方式回零点，根据参考计数器的容量，每隔该容量脉冲就溢出一个栅格脉冲，栅格（电气栅格）脉冲与光电编码器中的一转信号（物理栅格）通过参数 NO. 1850 偏移后，作为回零的基准栅格。

参考计数器容量设定值是指电机转一转所需的（位置反馈）脉冲数，或者设定为该数能够被整数除尽的分数。需要注意的是，由于"零点基准脉冲"是由栅格指定的，而栅格又是由参考计数器容量决定的，当参考计数器容量设定错误后，会导致每次回零的位置不一致，即回零点不准。

3.2.3　伺服 FSSB 设置

FSSB 是 FANUC 串行伺服总线（FANUC Serial Servo Bus）的英文缩写，FSSB 是一个连接 CNC 与伺服放大器的高速串行总线，它上面串联着 3 个主要的功能部件：CNC、伺服放大器、光栅适配器，并承接着它们之间的数据双向传输，包括移动指令、半闭环反馈或全闭环反馈信息、报警、准备信息等。FANUC αi 系列 FSSB 连接如图 3.6 所示。

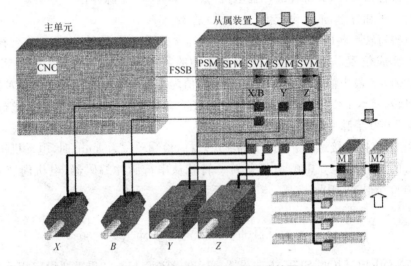

图 3.6　FANUCαi 系列 FSSB 连接图

在伺服初始化设定完成后，就需要进行 FSSB 设定，所谓 FSSB 设定，就是将 FSSB 总线上的设备进行地址分配，建立 CNC 与伺服的对应关系。使用 FSSB 系统，必须设定有关参数：NO. 1023、NO. 1905、NO. 1910~1919、NO. 1936、NO. 1937。

进行 FSSB 设定最常用的方法是自动设定：在 FSSB 画面，通过输入与轴和放大器相互关联的数据，轴设定值被自动计算，用该计算结果自动设定：NO. 1023、NO. 1905、NO. 1910~1919、NO. 1936、NO. 1937。

进行自动设定时，应将参数位 NO. 1902♯0、♯1 两位设定为 0。

对于 FSSB 设定画面的自动设定，按照下列步骤进行操作：

（1）在参数号 NO. 1023 中设定伺服轴数。确认 NO. 1023 中设定的伺服轴数与通过光缆连接的伺服放大器的总轴数对应。

（2）在伺服初始化画面，初始化伺服参数。

（3）关闭 CNC 电源,再打开。

（4）按功能键【SYSTEM】。

（5）反复按扩展键[▷],直到显示 [FSSB]为止。

（6）按软键[FSSB],切换屏幕显示 到伺服设定画面。

（7）按软键[AMP]。

（8）在图 3.7 所示的伺服放大器设定画面中,设定相关参数。

```
[AMPLIFIER SETTING]

No.  AMP  SERIES  UNIT  CUR.  [AXIS]  NAME
 1   A1-L    a     SVM   40A     1      X
 2   A1-M    a     SVM   40A     2      Y
 3   A2-L    a     SVM   40A     3      Z
 4   A3-L    a     SVM   80A     4      A

No.  EXTRA  TYPE  PCB ID
 5    M1     A    0008  DETECTOR(4AXES)


 [AMP] [AXIS] [MAINT] [    ] [OPRT]
```

图 3.7 伺服放大器设定画面

NO.:从属器号。从属器号按照驱动分配以升序排列,越小的号码离 CNC 越近。

AMP:放大器的形式。A 表示放大器,编号(1, 2, 3 …)表示放大器的安装位置,离 CNC 最近的编号为 1。

SERIES:放大器的系列号。

UNIT:放大器的种类。

CUR:最大额定电流。

AXIS:参数号 NO. 1920~1929 中指定的轴号。

NAME:轴的名称,即参数号 NO. 1020 中指定的轴名。

EXTRA:它包含字母 M 和序号。M 表示分离型检测器接口单元,序号表示其安装位置离 CNC 最近的编号为 1。

TYPE:分离型检测器接口单元的形式。

PCB ID:4 位数字,用以表示分离型检测器接口单元的 ID 码。

（9）按软键[SETTING](当输入一个值以后,此软键才出现)。

（10）按功能键【SYSTEM】。

```
[AXIS SETTING]

AXIS  NAME  AMP   M1  M2  1-DSP  Cs  TNDM
 1     X    A1-L   1   0    0     0    0
 2     Y    A2-L   0   1    0     0    0
 3     Z    A2-M   0   0    0     0    0
 4     A    A3-L   2   0    0     0    0
 5     B    A3-M   0   2    0     0    0
 6     C    A4-L   0   0    0     0    0



 [AMP] [AXIS] [MAINT] [    ] [OPRT]
```

图 3.8 轴设定画面

（11）反复按扩展键[▷],直到显示 [FSSB]为止。

（12）按软键[FSSB],切换显示画面到放大器设定画面,显示的软键如下:

[AMP] [AXIS] [MAINT] [   ] [OPRT]

（13）按软键[AXIS],进入轴设定画面,如图 3.8 所示。在轴设定画面中,设定各个轴的信息,如分离型检测接口(光栅尺适配器)单元的连接器号。

(14) 各轴执行下列任一项操作时,此画面的设定都是需要的:使用分离型检测器、一个轴单独使用一个 DSP(伺服控制 CPU)、使用 Cs 轴控制、使用双电动机驱动(TANDEM)控制。

轴设定画面各项内容的意义如下:

AXIS:轴号。表明轴的安装位置。

M1:分离型检测器接口单元 1 的连接器号。参数号 NO.1931 中设定的值。

M2:分离型检测器接口单元 2 的连接器号。参数号 NO.1932 中设定的值。

1-DSP:这是参数号 NO.1904♯0 的设定值。如果设为 1,表示该轴使用专门的 DSP;通常设为 0,表示 1 个 DSP 控制 2 个轴。

Cs:参数号 NO.1933 中的设定值。对于 Cs 控制轴,应设为 1。

TNDM:参数号 NO.1934 中的设定值。在双电动机驱动(TANDEM)控制中连续的奇偶数,即主动轴和从动轴的奇偶轴号,必须是连续的。

(15) 按软键[SETTING],此操作开始自动运算,参数号 NO.1023、NO.1905、NO.1910~1919、NO.1936 和 NO.1937 被自动设定。参数号 NO.1902♯1 设为 1,说明以上参数被自动设定了。当电源关断后再开机,对应各个轴的参数就完成了。

例 3.1:设定半闭环 4 轴控制的伺服 FSSB 参数,具体连接如图 3.9 所示。

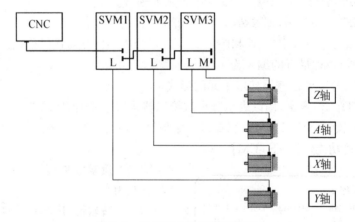

图 3.9 半闭环 4 轴控制连接图

(1) 设定参数号 NO.1023,根据图 3.9 进行伺服通道排序,结果如下:

Y:1

X:2

A:3

Z:4

（2）进行伺服参数初始化，初始化结束后关电，再开机。

（3）进行 FSSB 设置，按照上面的连接配置放大器参数，如图 3.10 所示。

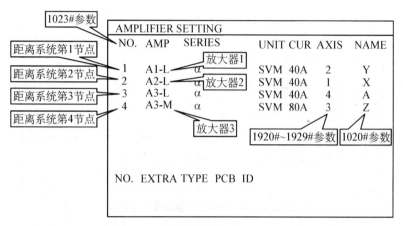

图 3.10　伺服放大器参数设定示例 1

（4）按软键[SETTING]，关电再开电，完成操作。

例 3.2： 设定全闭环 4 轴控制的伺服 FSSB 参数，具体连接如图 3.11 所示。

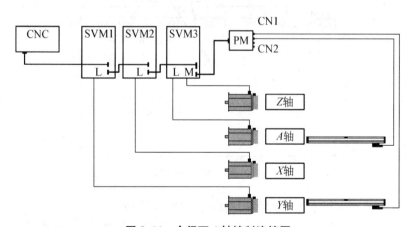

图 3.11　全闭环 4 轴控制连接图

（1）进行基本轴参数设定：

Y：1

X：2

A：3

Z：4

（2）进行伺服参数初始化，初始化结束后关电，再开机。

（3）进行 FSSB 设置，按照上面的连接配置放大器参数，如图 3.12 所示。

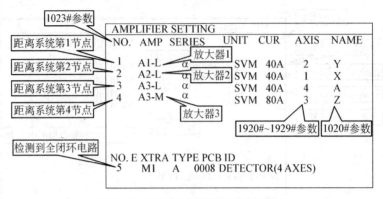

图 3.12 伺服放大器参数设定示例 2

（4）按软键[SETING]，然后找到[FSSB]，在 FSSB 子菜单下按[AXIS]键，进入轴设定画面，如图 3.13 所示。

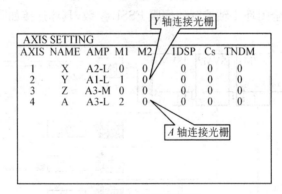

图 3.13 轴设定画面

（5）对分离型检测器进行配置，然后按软键[SETING]。

（6）将伺服参数位 NO.1815♯1 设置为 1，即设定 Y 轴和 A 轴使用分离型脉冲编码器。

（7）断电再开电，完成设置。

3.2.4 伺服参数调整

1）打开伺服参数调整画面

（1）将参数位 NO.3111♯0 设置为 1。

(2) 按功能键【SYETEM】→按扩展键［▷］→按软键［SV. PRM］→按软键［SV. TUN］,伺服参数调整画面如图 3.14 所示。

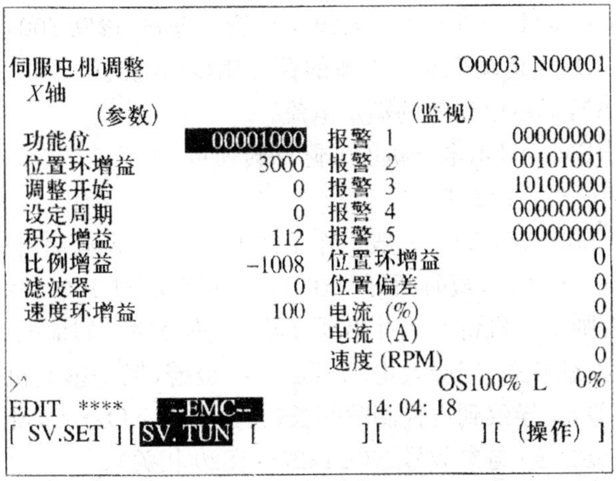

```
伺服电机调整                    O0003 N00001
 X轴
   (参数)              (监视)
 功能位        00001000   报警 1      00000000
 位置环增益        3000   报警 2      00101001
 调整开始           0   报警 3      10100000
 设定周期           0   报警 4      00000000
 积分增益         112   报警 5      00000000
 比例增益       −1008   位置环增益         0
 滤波器            0   位置偏差          0
 速度环增益        100   电流 (%)          0
                    电流 (A)          0
                    速度 (RPM)        0
>^                       OS100% L   0%
EDIT ****    --EMC--       14: 04: 18
[ SV.SET ][ SV.TUN [     ][     ][ (操作) ]
```

图 3.14   伺服参数调整画面

伺服调整画面中相关参数的含义如下:

(1) 功能位(FUNC. BIT):参数号 NO. 2003 的内容。

(2) 位置环增益(LOOP GAIN):位置环增益(参数号 NO. 1825 中的设定值)。

(3) 调整开始位(TUNING ST.):在伺服自动调整功能中使用。

(4) 设定周期(SET PERIOD):在伺服自动调整功能中使用。

(5) 积分增益(INT. GAIN):速度环增益 PKV1(参数号 NO. 2043 的设定值)。

(6) 比例增益(PROP. GAIN):速度环增益 PKV2(参数号 NO. 2044 的设定值)。

(7) 滤波器(FILTER):转矩指令滤波器(参数 NO. 2067 的设定值)。

(8) 速度环增益(VELOC. GAIN):设定整个速度环的增益。与负载惯量比(参数号 NO. 2021)的关系有:

$$速度环增益 = \frac{(PRM. 2021) + 256}{256} \times 100$$

(9) 报警 1(ALARM1):诊断 200 号的内容(400,414 报警的详细内容)。

(10) 报警 2(ALARM2):诊断 201 号的内容(断线,过载报警的详细内容)。

(11) 报警 3(ALARM3):诊断 202 号的内容(319 报警的详细内容)。

(12) 报警 4(ALARM4):诊断 203 号的内容(319 报警的详细内容)。

(13) 报警 5(ALARM5)：诊断 204 号的内容(414 报警的详细内容)。

(14) 位置环增益(LOOP GAIN)：显示位置误差量反算所得到的实际位置环增益。

(15) 位置偏差量(POS ERROR)：显示位置误差量(诊断 300)。

(16) 电流(%)：用电动机额定电流的百分比显示电流值。

(17) 电流(A)：显示电动机的额定电流。

(18) 速度(RPM)：显示电动机的实际回转速度。

2) 伺服参数调整画面应用

(1) 电流(%)和电流(A)。一般工作条件下，FANUC 电动机最佳的负载电流百分比应该在 30%～40%，短时间可以在 90%，甚至超过 100%的状态下工作，但仅仅是短暂的，否则电动机将发热并出现过载、过热报警。如果电动机长期工作在 60%～70%电流负载状态，伺服及电动机虽然不报警，但是影响机床的伺服性能，高精度定位性能差，会导致到位检测时间长(与参数号 NO.1826 相关)或不得不放大移动及停止到位宽度(与参数号 NO.1827～1829 相关)。

通过读取伺服运转画面中的电流(%)和电流(A)的实际值，当机床出现爬行、过载、过热等与外围机械有关的报警时，观察机床移动过程中的实际负载电流变化，判断故障点是机械部分还是电气部分，因而可以用于系统的维护和故障的预防。

(2) "位置偏差"的应用。位置偏差量为指令值与反馈值的差，存放在误差寄存器中。当出现伺服误差过大报警时，检查实际位置偏差量是否大于参数号 NO.1827～1829 中的设定值。

(3) 位置环增益。FANUC 系统标准设定的位置环增益为 3 000，在机床运行过程中，如果实际检测到位置环增益接近或超过 3 000，说明机床的跟踪精度非常好；如果实际检测到的位置环增益小于 2 000，甚至小于 1 500，即使当时机床不报警，但是机床移动中或停止时的控制精度已经大大降低了。

3.2.5　伺服轴虚拟化

有时为了调试方便和操作方便，或为了判断伺服系统故障点，需要将伺服脱开或电动机脱开(使失效)，即伺服轴"虚拟化"，或称之为"屏蔽"。

1) 伺服屏蔽

系统开机自检后，如果没有急停和报警，则发出 * MCON 信号给所有轴伺服单元，当任何一个单元出现故障，系统在规定时间内没有收到 * DRDY 信号，则断开所有轴的 * MCON 信号，同时发出伺服准备完成信号断开报警(报警号 401)，有时很难判断故障点，这就需要将整个伺服进行屏蔽，这样即使这个轴有故障，也会把这个轴的信号屏蔽掉,使其他轴能正常工作,从而判定该轴放大器或轴板为故障点。通过调整以下参数可以实现伺服轴虚拟化。

(1) CNC 侧将数控通道封闭。将该轴参数号 NO. 1023(设定各控制轴为对应的第几号伺服轴)的内容设定为(−1)或(−128)将该伺服屏蔽。

(2) 忽略伺服上电顺序。设定参数位 NO. 1800♯1(CRV)=1,使数控系统忽略伺服上电顺序。

如果数控系统在调试初期希望所有伺服轴都不进行连接,可以将参数号 NO. 1023 中的内容全部设为(−1)或(−128),将参数位 NO. 1800♯0(CRV)设定为 1,即可以不进行伺服的联机调试。

2) 轴屏蔽

轴屏蔽是将某轴电动机脱开,在不使用该电动机的情况下,去掉该电动机及其动力电缆、反馈电缆。

方法一(虚拟反馈):

(1) 相应轴的参数设定。

设定参数位 NO. 2009♯0(DUMP)=1,轴抑制参数设为有效。

设定参数位 NO. 2165(放大器最大电流值)=0。

(2) 硬件处理。将相应伺服电动机电缆接口 JFX 的第 11、12 各管脚短接。处理完毕后,没被屏蔽的轴可正常移动,如果被屏蔽的轴移动会出现 411(误差过大)报警。如果只设定了两个参数但是处理反馈管脚短接,则出现 401 报警。

方法二(轴脱开功能):

(1) 参数位 NO. 1005♯7(RMB)设定为"1",使轴脱开功能有效。

(2) 相应轴的参数位 NO. 0012♯7(RMV)设定为"1",使需要脱开轴的轴脱开参数设为"1",否则将出现 368♯报警(串行数据出错)。

项目 3.3　主轴参数设置

【知识目标】

(1) 主轴参数初始化的方法。

(2) 与主轴参数相关参数的意义。

(3) 主轴参数的设定方法。

【能力目标】

(1) 能进行主轴齿轮换挡参数的计算。

（2）能进行模拟主轴参数的设定。

（3）能进行串行主轴参数的设定。

【学习重点】

主轴齿轮换挡参数的计算和设定方法。

3.3.1　模拟主轴参数设置

主轴参数既包括串行主轴参数，也包括模拟主轴参数，两者的参数在设定时不能冲突，也要能相互穿插设定。

1）主轴参数初始化设置

（1）参数位 NO.3701#1 设定为 1，屏蔽串行主轴。

（2）在参数号 NO.4133 中输入主轴电动机代码（部分电动机代码见表 3.4）。

表 3.4　主轴电动机代码表

电动机型号	β3/10000i	β6/10000i	β8/8000i	β12/7000i	ac15/6000i	ac1/6000i	ac2/6000i	ac3/6000i	ac6/6000i	ac8/6000i	ac12/6000i	a0.5/10000i
电动机代码	332	333	334	335	246	240	241	242	243	244	245	301
电动机型号	α1/10000i	α1.5/10000i	α2/10000i	α3/10000i	α6/10000i	α8/8000i	α12/7000i	α15/7000i	α18/7000i	α22/7000i	α30/6000i	α40/6000i
电动机代码	302	304	306	308	310	312	314	316	318	320	322	323
电动机型号	α50/4500i	α1.5/15000i	α2/15000i	α3/12000i	α6/12000i	α8/10000i	α12/10000i	α15/10000i	α18/10000i	α22/10000i	α12/6000ip	α12/8000ip
电动机代码	324	305	307	309	401	402	403	404	405	406	407	4020(8000)4023(94)
电动机型号	α15/6000ip	α15/8000ip	α18/6000ip	α18/8000ip	α22/6000ip	α22/8000ip	α30/6000ip	α40/6000ip	α50/6000ip	α60/4500ip		
电动机代码	408	4020(8000)4023(94)	409	4020(8000)4023(94)	410	4020(8000)4023(94)	411	412	413	414		

（3）把参数位 NO.4019#7 设定为 1，自动进行初始化，断电后再上电，系统会

自动加载部分电动机参数,如果在参数手册上查不到代码,则输入最接近的电动机代码。(注意:如果在 PMC 中 MRDY 信号没有设置为 1,则参数位 4001♯0 设为 0)。

2)主轴控制功能参数

参数位 NO. 3701♯1(ISI)＝0:使用第一、第二串行接口。

＝1:使用模拟主轴,屏蔽串行主轴。

3)主轴与位置编码器传动比参数

参数位 NO. 3706♯0(PG1)和 NO. 3706♯1(PG2)设定主轴与位置编码器的传动比,见表 3.5。

表 3.5　主轴与位置编码器传动比设定

齿轮比	PG2	PG1	
×1	0	0	
×2	0	1	齿轮比＝$\dfrac{主轴转速}{位置编码器转速}$
×4	1	0	
×8	1	1	

4)主轴速度输出极性设定

参数位 NO. 3706♯7(TCW)和 NO. 3706♯6(CWM)设定主轴速度输出极性,见表 3.6。

表 3.6　主轴速度输出电压极性设定

TCW	CWM	电压极性
0	0	M03,M04 同时为正
0	1	M03,M04 同时为负
1	0	M03 为正,M04 为负
1	1	M03 为负,M04 为正

5)主轴速度到达信号

参数位 NO. 3708♯0(SAR)＝0:不检查主轴速度到达信号。

＝1:检查主轴速度到达信号。

模拟主轴没有磁信号,误设时主轴无输出;串行主轴时如果设为"1",系统 PMC 控制中还要编制程序实现切削进给的开始条件。

6)主轴齿轮换挡参数

在带有齿轮变速的分段无级变速系统中,主轴的正、反转、启动、停止与制动是通过直接控制电动机来实现的,主轴的变速则是由电动机转速的无级变速与齿轮的有级变速相配合来实现。

CNC 系统把编程的 S 指令和主轴信号的乘积换成 4095 代码,再与主轴最高转速配合后输出 0~10 V 模拟量信号。

M 系列既可使用 M 型齿轮换挡,也可使用 T 型齿轮换挡,M 型齿轮换挡又分为 A 型主轴换挡和 B 型主轴换挡。

(1) M 系列 A 型主轴换挡。

当参数位 NO.3706♯4＝0 且参数位 NO.3705♯2＝0 时,为 M 系列 A 型主轴齿轮换档,在此方式下,换挡时主轴电动机处于最高转速(最高钳制速度)下。M 系列 A 型主轴换挡图解如图 3.15 所示。

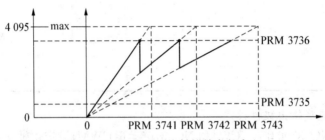

图 3.15　M 系 A 型主轴换挡参数含义

NO.3741~NO.3744:各档主轴的最高转速,即各挡输出 10 V 时主轴的最大转速。

NO.3735:主轴最低钳制速度。

$$设定值 = \frac{主轴轴最低钳制转}{主轴最高转} \times 4\,095$$

NO.3736:主轴最高钳制速度。

$$设定值 = \frac{主轴最高钳制转速}{主轴最高转速} \times 4\,095$$

NO.4020:主轴电动机的最高转速。

各档主轴的最高转速与主轴电动机的最高转速参数之比即是实际各档的齿轮比。

(2) M 系列 B 型换挡方式。

当参数位 NO.3706♯4＝0 且参数位 NO.3705♯2＝1 时,为 M 系列 B 型主轴齿轮换挡,在此方式下,换挡时主轴电动机在一个特定的转速下。M 系列 B 型主轴换挡图解如图 3.16 所示。

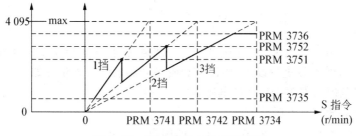

图 3.16　M 系 B 型主轴换挡图解

NO. 3751：低档到中档时主轴电动机的界限速度。

NO. 3752：中档到高档时主轴电动机的界限速度。

$$界限速度设定值 = \frac{主轴电动机的界限速度}{主轴电动机的最高速度} \times 4\,095$$

（3）T 型换挡方式。

这里以高低两档为例介绍 T 系列换挡方式，图解如图 3.17 所示。

NO. 3741：低挡主轴的最高转速，即输出 10 V 时主轴的低挡最大转速。

NO. 3742：高挡主轴的最高转速，即输出 10 V 时主轴的高挡最大转速。

由于速度和控制电压成正比，则当速度为 S 时，位于低挡时的控制电压 U_1 由如下算式得出：

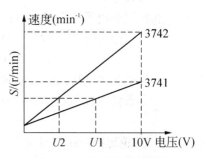

图 3.17　T 系换挡方式图解

$$U_1 = \frac{10}{主轴的低挡最高转速} \times S$$

位于高挡时的控制电压 U_2 为：

$$U_2 = \frac{10}{主轴的高挡最高转速} \times S$$

7）主轴最高转速

NO. 3722：设定主轴最高转速。

当指令速度超过主轴最高速度，或主轴速度由于使用主轴速度倍率功能而超过最高速度时，主轴速度被钳制在参数设定的最高速度。此参数设定为 0 时，主轴速度不受钳制。

3.3.2　串行主轴参数设置

串行主轴放大器与 CNC 连接进行第一次运转时,对串行主轴电动机的控制须按电动机对应的参数进行设定,传送电动机标准参数的基本步骤如下:

(1) 在急停状态下接通 NC 电源。

(2) 使参数写入有效。

(3) 设定参数位 NO.3701♯1＝1,使用串行主轴。

(4) 设定参数号 NO.4133,从电动机型号表中找出型号代码进行设定。

(5) 设定参数位 NO.4019♯7＝1,进行自动设定。

(6) 断电然后接上 NC 电源。

(7) 自动设定结束后,在启动主轴电动机运转之前,还要确定以下参数的设定。

① 电动机的最高转速:

参数号 NO.4020

② 位置编码器的安装方向:

参数位 NO.4000♯2＝0:主轴与位置编码器的回转方向相同。

＝1:主轴与位置编码器的回转方向相反。

③ 主轴和电动机的回转方向:

参数位 NO.4000♯0＝0:主轴与电动机的回转方向相同。

＝1:主轴与电动机的回转方向相反。

④ C_S 轮廓控制用位置检测器的安装方向:

参数位 NO.4001♯7＝0:主轴与位置编码器的回转方向相同。

＝1:主轴与位置编码器的回转方向相反。

⑤ C_S 轮廓控制用内置主轴电动机检测器的设定:

参数位 NO.4001♯6＝0:不使用(主轴与电动机分开时)。

＝1:使用(内置主轴电动机时)。

⑥ C_S 轮廓控制用位置检测器有否:

参数位 NO.4001♯5＝0:不使用。

＝1:使用。

⑦ 位置编码器信号使用否:

参数位 NO.4001♯2＝0:不使用位置编码器。

＝1:使用位置编码器。

⑧ 参数位 NO.4003♯7,6,4:位置编码器信号的设定:

参数位 NO.4003♯7,6,4＝0,0,0:BZ 传感器(256λ/r)。

＝0,0,1:BZ 传感器(128λ/r)。

　　　　　　　= 0，1，0：BZ 传感器(512λ/r)。

　　　　　　　= 0，1，1：BZ 传感器(64λ/r)。

　　　　　　　= 1，0，0：高分辨率磁性脉冲编码器(Φ195)。

　　　　　　　= 1，1，0：BZ 传感器(384λ/r)。

⑨ 参数位 NO.4003♯1：电动机内置 MZ 传感器是否：

　　参数位 NO.4003♯1 = 0：不使用。

　　　　　　　　　　= 1：使用。

⑩ 参数位 NO.4004♯4：电动机内置 MZ 传感器的种类：

　　参数位 NO.4004♯4 = 0：下述以外。

　　　　　　　　　　= 1：α0.5，0.5S，0.3S，IP65(1～3)电动机时。

⑪ 参数位 NO.4004♯3：外部 1 转信号检测方法的设定：

　　参数位 NO.4004♯3 = 0：外部 1 转信号检测上升沿。

　　　　　　　　　　= 1：外部 1 转信号检测下降沿。

⑫ 参数位 NO.4004♯2：外部 1 转信号使用否：

　　参数位 NO.4004♯2 = 0：不使用外部 1 转信号。

　　　　　　　　　　=1：使用外部 1 转信号。

⑬ 参数位 NO.4004♯1：主轴上安装的 BZ 传感器(内置传感器)有否：

　　参数位 NO.4004♯1 = 0：不使用安装在电动机轴以外的 BZ 传感器。

　　　　　　　　　　= 1：使用安装在电动机轴以外的 BZ 传感器。

⑭ 参数位 NO.4004♯0：高分辨率位置编码器信号使用否：

　　参数位 NO.4004♯0 = 0：不使用高分辨率位置编码器。

　　　　　　　　　　= 1：使用高分辨率位置编码器。

⑮ 参数位 NO.4007♯5：位置检测器用信号有无断线检测：

　　参数位 NO.4007♯5 = 0：进行断线检测。

　　　　　　　　　　= 1：不进行断线检测。

　　⑯ 参数位 NO.4011♯2，1，0：电动机速度检测器用脉冲数的设定，本设定根据电动机型号代码自动设定。

项目 3.4　螺距误差补偿和反向间隙补偿参数设置

【知识目标】

　　(1) 螺距误差产生的原因。

（2）螺距误差补偿参数的含义。

（3）螺距误差检测程序的编写方法。

（4）测量螺距误差的方法。

（5）反向间隙补偿参数的含义。

（6）测量反向间隙的方法。

【能力目标】

（1）能进行螺距误差的测量和补偿。

（2）能进行反向间隙的测量和补偿。

【学习重点】

螺距误差的测量和补偿方法。

3.4.1　存储型螺距误差补偿

螺距误差补偿指由螺距累计误差引起的常值系统性定位误差。CNC 可对实测的进给轴滚珠丝杠的螺距误差进行补偿,一般用激光干涉仪测量滚珠丝杠的螺距误差。测量的基准点为机床的零点,每隔一定的距离设定一个补偿点,用参数来设定补偿的间隔。螺距误差补偿数据可以由外部设备进行设定,也可以从 MDI 面板上设定。补偿原点是机床各轴回零的零点。进行螺距误差补偿时,必须设定以下参数:

（1）参数号 NO.3620:各轴参考点的螺距误差补偿号码,范围 0～1 023。

（2）参数号 NO.3621:各轴负方向最远端的螺距误差补偿点号码,范围 0～1 023。

（3）参数号 NO.3622:各轴正方向最远端的螺距误差补偿点号码,范围 0～1 023。

（4）参数号 NO.3623:各轴螺距误差补偿倍率,范围 0～100。

（5）参数号 NO.3624:各轴的螺距误差补偿点的间距,范围 0～99 999 999。最小补偿间隔是有限制的,可由下式计算:

$$补偿位置的最小间隔 = \frac{最大进给速度(快速移动速度)}{3\ 750}$$

在补偿之前需要先确定各轴的行程和方向,确定了行程和方向后有效补偿距离就随之确定,通常补偿的原点为各轴的参考点,补偿的方向非正即负。根据有效补偿距离确定激光干涉仪的测量点数、补偿点数和补偿间距,再将确定的值分别设定在参数号 NO.3620、NO.3621、NO.3622 和 NO.3624 中,将 NO.1851 和 NO.

1852 中的值清零。参数设定后,输入检测程序。

例 3.3:以 X 轴为例,机床行程为+10～−800 mm,补偿的原点为 X 轴的参考点,参考点的补偿位置号为 60,X 轴的有效补偿距离就是 0～−800.000 mm,如果测量 20 个点,每点的距离为 40.000 mm。

(1) 参数设定。

参数号 NO. 3620＝60;(此参数在 0～1 023 之间根据需要设定)。

参数号 NO. 3621＝41;负向最远端。

参数号 NO. 3622＝61;正向最远端。

参数号 NO. 3624＝40 000;补偿间隔 40.000 mm。

机床坐标值和补偿位置号的对应关系如图 3.18 所示。

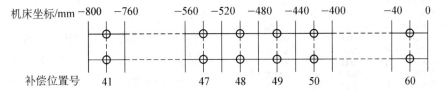

图 3.18 机床坐标值和补偿位置号之间的对应关系(直线轴)

(2) 编写检测程序。

检测程序包括主程序 O0001、子程序 O0002 和 O0003。程序如下:

O0001

N0010 G90 G0 X0;X 轴移动至参考点,G54 里面不能键入偏移值;

N0020 X5; X 轴向正方向移动 5.000;

N0030 X0; X 轴负方向移动 5.000(测出反向间隙);

N0040 G04 X5.; 暂停 5 s,等待激光干涉仪测量并计数;

N0050 M98 P0002L20;调用 0002 子程序并连续循环 20 次(共测 20 个点);

N0060 G0 X−5;X 轴向负方向移动 5.000;

N0070 G0 X5;X 轴向正方向移动 5.000(测出反向间隙);

N0080 G04 X5;暂停 5 s,等待激光干涉仪测量并计数;

N0090 M98 P0004 L20;调用 0003 子程序并连续循环 20 次,共测 20 个点。

N0100 M30;

O0002

N10 G91 G0 X−40;X 轴负方向移动 40.0;

N20 G04 X5.;   暂停 5 s;

N30 M99；　　　　返回主程序。

O0003

N10 G91 G0 X40；X 轴向正方向移动 40.0；

N20 G04 X5；　　暂停 5 s，等待激光干涉仪测量并计数；

N30 M99；　　　返回主程序。

（3）在补偿位置点处输入补偿量。补偿值根据实际测量的滚珠丝杠误差确定，有正负之分，按照补偿点输入到 CNC 补偿螺距误差补偿存储器内，如图 3.19 所示。在进给轴运动时，CNC 实时检测移动距离，按照事先设定的参数值在各轴的补偿点分别输出补偿值，使相应轴在 CNC 插补脉冲的基础上多走或少走相应的螺距补偿脉冲数。近年来，CNC 系统开发了双向螺距误差补偿的功能，它的应用进一步提高了进给轴的移动精度。

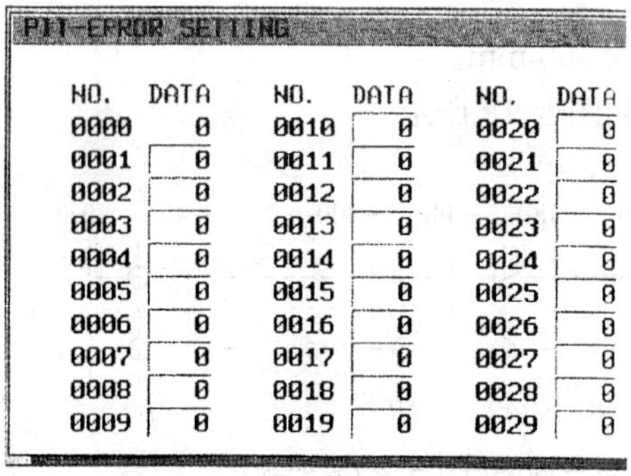
PIT-ERROR SETTING

NO.	DATA	NO.	DATA	NO.	DATA
0000	0	0010	0	0020	0
0001	0	0011	0	0021	0
0002	0	0012	0	0022	0
0003	0	0013	0	0023	0
0004	0	0014	0	0024	0
0005	0	0015	0	0025	0
0006	0	0016	0	0026	0
0007	0	0017	0	0027	0
0008	0	0018	0	0028	0
0009	0	0019	0	0029	0

图 3.19　螺距误差补偿存储器

3.4.2　反向间隙补偿

机床工作台运动过程中反向运动时，会由于滚珠丝杠和螺母的间隙或丝杠的变形而丢失脉冲，也就是所谓的失动量。在机床上实测各轴的反向移动间隙量，根据这个实测的间隙量，用参数设定其补偿量，这样在工作台方向执行 CNC 程序指令移动前，CNC 经脉冲分配器，按 CNC 实现设定的速率，将补偿脉冲输出至相应轴的伺服放大器，对失动量进行补偿。进行反向间隙补偿时需设定以下参数：

参数号 NO.1800＃4：切削进给和快速进给移动是否分别进行反向间隙补偿，0：否，1：是。

参数号 NO.1851：各轴的反向间隙补偿量，单位 μm。

参数号 NO.1852：各轴快速移动时的反向间隙补偿量，单位 μm。

根据进给速度的变化，在快速移动和切削进给时用不同的反向间隙值可实现较高精度的加工。当参数位 NO.1800＃4＝1 时，需要对参数号 NO.1851 和 NO.1852 分别进行补偿，若切削进给时测量的反向间隙为 A，快速移动时测量的反向间隙为 B，根据进给率的变化和移动方向的变化，反向间隙的补偿值如表 3.7 和图 3.20 所示。

表 3.7　反向间隙的补偿值

移动方向变化	进给速度变化			
	切削进给到切削进给	快速移动到快速移动	快速移动到切削进给	切削进给到快速移动
相同方向	0	0	$\pm a$	$\pm(-a)$
相反方向	$\pm A$	$\pm B$	$\pm(B+a)$	$\pm(B+a)$

注：a 为机械的超调量，$a=(A-B)/2$；补偿值的正负符号与移动方向一致。

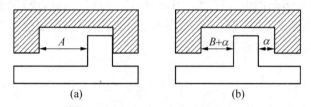

图 3.20　切削进给和快速移动时的反向间隙

（a）切削进给时停止；（b）快速进给时停止

项目 3.5　回参考点参数设置

【知识目标】

　　(1) 增量方式回参考点的过程。

　　(2) 减速挡块长度的计算方法。

　　(3) 位置伺服误差的计算方法。

　　(4) 绝对方式回参考点的过程。

　　(5) 回参考点参数的含义。

【能力目标】

　　(1) 能分析回参考点的过程。

　　(2) 能根据回参考点的过程设定回参考点参数。

　　(3) 能针对参考点整螺距偏移的问题调整减速挡块的位置。

【学习重点】

　　回参考点参数的含义及设置。

3.5.1　增量方式回参考点

数控机床返回参考点的方式,因数控系统类型和机床生产厂家而异,就大多数而言,常用的返回参考点方式有两种:增量方式和绝对方式。

1) 增量方式回参考点的过程

所谓增量方式回参考点,就是采用增量式编码器,工作台快速靠近,经减速挡块减速后低速寻找栅格作为机床零点,增量方式回零过程如图 3.21 所示,回参考点开关采用行程开关。行程开关(也称限位开关)主要用于将机械位置变为点信号,以实现对机械运动的电气控制。当机械的运动部件(如挡块)撞击触杆时,触杆下移使常闭触点断开,常开触点闭合;当运动部件离开后,在复位弹簧的作用下,触杆回复到原来位置,各触点恢复常态。

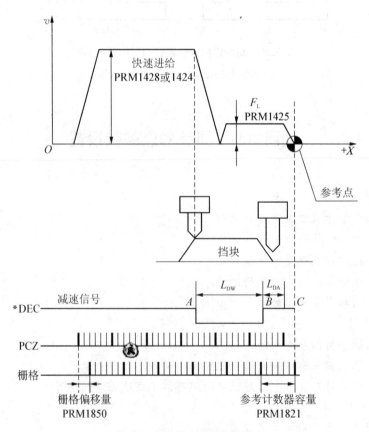

图 3.21　增量方式回参考点

具体的返回参考点过程如下：

(1) 首先在回参考点方式下，按轴移动键，轴以快速（参数号 NO.1420 中的设定值）移动寻找减速挡块。

(2) 当压下减速挡块时，信号 *DECn 由"1"变到"0"，轴按设定低速（参数号 NO.1425 中的设定值）向参考点移动。

(3) 当减速挡块释放后，信号 *DECn 由"0"变到"1"，开始寻找栅格信号 (GRID) 或编码器零脉冲 (PCZ)。

(4) 当寻找到第一个栅格信号 (GRID) 或编码器零脉冲 (PCZ) 时，进给停止，这个点就是参考点。也可以再移动一个偏移量（参数号 NO.1850 中的设定值）后停止，CNC 发出回参考点完成信号。

2) 对减速挡块宽度 L_{DW} 的要求

图 3.21 中，A 点为减速开关动作点，B 点为减速开关释放点，C 点为参考点。L_{DW} 为减速挡块的宽度，L_{DA} 为参考点和减速极限开关释放位置间的距离。

为了确保参考点定位的准确性，手动回参考点对减速挡块的长度有一定的要求。当减速挡块太短时，在减速范围内导致坐标轴无法降至低速 F_L。当开关被释放时，栅格信号出现，而软件未检测到进给速度到达 F_L 时，回参考点操作不会停止，这样就造成了参考点发生螺距偏移。

$$L_{DW} > \frac{V_R\left(\dfrac{T_R}{2} + 30 + T_S\right) + 4V_L \times T_S}{60 \times 1\,000} \tag{3-1}$$

式中，V_R：快速移动速度 (mm/min)；

　　　T_R：快速移动时间常数 (ms)；

　　　T_S：伺服时间常数 (ms)；

　　　V_L：返回参考点速度 F_L (mm/min)。

可用编码器测量出挡块的实际长度。例如测量 Z 轴挡块的长度，操作步骤如下：

(1) Z 轴回到参考点。

(2) 在 JOG 方式下，选择相应的进给增量值，记录 X9.2 信号由"1"到"0"的坐标值 Z_1。

(3) 记录 X9.2 信号由"0"到"1"的坐标值 Z_2。

(4) $|Z_2 - Z_1|$ 的值即为 Z 轴减速挡块的长度值。

3) 对参考点和减速极限开关释放位置间的距离 L_{DA} 的要求

由于减速开关动作有一定的先后偏差，如果将开关动作置于两个栅格中间

（$L_{DA} \approx$ 螺距的一半），就可以减小误动作的可能性。诊断数据 302 中显示的数值应大约为各轴螺距的一半。通过调整（敲打）挡块的位置可改变 302 中的值。若挡块释放时，机床恰巧在"零脉冲"附近，就会出现参考点整螺距偏移，因此该值是检查参考点正确可靠的重要依据。

4）位置伺服误差和一转信号

未建立参考点时，机床操作前必须执行一次手动参考点返回操作。手动返回参考点时，伺服移动的位置误差量必须超过参数号 NO. 1836 的设定值。并且，要求位置编码器旋转一周以上，系统必须收到一个一转信号。

伺服位置误差按下式计算：

$$伺服位置误差值 = \frac{F \times 1\,000}{60} \times \frac{1}{K} \times \frac{1}{\mu} \tag{3-2}$$

式中，F：进给速度（mm/min）。

K：伺服回路增益[s^{-1}]。

μ：检测单位（μm）。

应用举例如下：

当机床以 6 000 mm/min 速度进给，伺服回路增益 K 为 30 s^{-1}，检测单位为 1 μm，伺服位置误差的计算结果如下：

$$伺服位置误差值 = \frac{6\,000 \times 1\,000}{60} \times \frac{1}{30} \times \frac{1}{1} = 3\,333$$

反之，当伺服增益 K 为 30 s^{-1}，检测单位为 1 μm，伺服位置偏差量为 128（即设定参数号 NO. 1836＝0，实际为 128）时，在完成参考点返回操作前，手动返回参考点的速度必须在230 mm/min以上。

5）栅格偏移量

电子栅格通过参数号 NO. 1850 设定距离来进行参考点偏移，该参数中设定的栅格偏移量不能超过参考计数器容量（参数号 NO. 1821 中的设定值）。

3.5.2　绝对方式回参考点

所谓绝对方式回参考点，就是采用绝对位置编码器建立零点，并且一旦零点建立，无需每次开电回零，即使系统关断电源，断电后的机床位置偏移被保存在电机编码器的 S-RAM 中，并通过伺服放大器上的电池支持电机编码器 S-RAM 中的数据。

传统的增量式编码器，在机床断电后不能将零点保存，所以每遇断电再通电后，均需要操作者进行回零点操作。20 世纪 80 年代中后期，断电后仍可保存机床零点的绝对位置编码器被用于数控机床上,其保存零点的方法就是在机床断电后,机床微量位移的信息被保存在编码器电路的 S‑RAM 中,并由后备电池保持数据。

绝对方式回参考点的过程如图 3.22 所示。

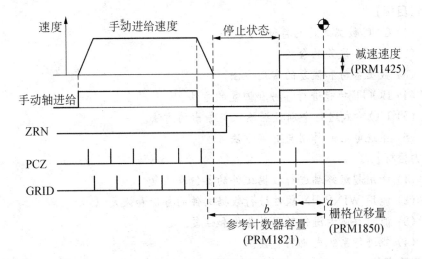

图 3.22　绝对方式回参考点

具体的回参考点过程如下:

(1) 置参数位 NO.1815♯4＝0。

(2) 用手动操作使伺服电动机转一转以上的距离,在该位置先切断、再接上 CNC 电源(对绝对位置检测器,第一次供电时必须进行这一操作),使脉冲编码器内检测到一转以上信号。

(3) 用手动操作将轴移动到靠近参考点(约数毫米前)的位置。

(4) 选择"回零"方式。

(5) 按进给轴方向选择信号"＋"或"－"按钮后,向下一个 GRID 位置移动,当找到栅格位置后,系统返回参考点完成,轴移动停止,该位置即作为参考点。

需要说明的是,绝对位置零点建立时寻找到的栅格,是"电气栅格",即在编码器"物理栅格"的基础上通过参数号 NO.1850 偏置后的栅格。

注意,当更换电机或伺服放大器后,由于将反馈线与电机航空插头脱开,或电机反馈线与伺服放大器脱开,必将导致编码器电路与电池脱开,S‑RAM 中的位置信息即刻丢失,再等机会出现 300♯报警,需要重新建立零点。

项目 3.6　数据备份和恢复

【知识目标】

(1) CNC 数据文件的存储方式。

(2) 备份和恢复的含义。

(3) 数据备份和恢复的常用方法。

(4) BOOT 功能进行备份和恢复的方法。

(5) I/O 方式进行个别数据输入与输出的方法。

(6) 系统电池的作用与更换方法。

【能力目标】

(1) 能用超级终端进行数据文件的备份和恢复。

(2) 能用 WINPCIN 软件进行数据文件的备份和恢复。

(3) 能用存储卡进行数据的备份和恢复。

(4) 能进行系统电池的更换。

【学习重点】

数据的备份和恢复。

3.6.1　CNC 数据文件分析

FANUC 0i 系列数控系统的存储数据文件主要分为系统文件、MTB(机床制造厂)文件和用户文件,如图 3.23 所示。

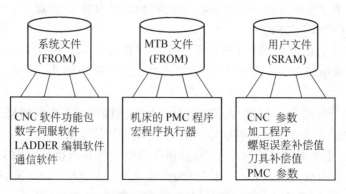

图 3.23　FANUC 0i 数控系统的数据存储

（1）系统文件：FANUC 提供 CNC 软件包、数字伺服软件、LADDER 编辑软件以及通信软件等。

（2）MTB（Machine Tool Builder）文件：机床的 PMC 程序、机床厂编辑的宏程序执行器。

（3）用户文件：CNC 参数、螺距误差补偿值、宏程序、刀具补偿值、工件坐标系数据、PMC 参数、加工程序等数据。

FROM 中的数据相对稳定，一般情况下不容易丢失，但是如果遇到更换 CPU 板或存储器板时，FROM 中的数据就有可能丢失。其中系统文件一般无需备份，因为 FANUC 可以提供系统文件服务，而 MTB 文件是需要备份的，因为这是机床厂的文件，FANUC 公司是不知道的，而且一定要移交 PMC 程序给最终用户。这类文件可以用 CF（Compact Flash）卡来存储。

SRAM 中的数据由于断电后需要电池保护，有易失性，所以保留数据非常必要。一旦发生参数误操作，需要恢复原来的值，如果没有详细准确的记录可查，也没有数据备份，就会造成比较严重的后果。

SRAM 中的数据需要通过用 BOOT 引导系统操作方式或者在 ALL I/O 画面操作方式进行保存。用 BOOT 引导系统方式备份的是系统数据的整体，下次恢复或调试其他相同机床时，可以迅速完成恢复。但是，数据为机器码且为打包形式，不能在计算机上打开。通过 ALL I/O 画面操作方式得到的数据可以通过写字板或 Word 文件打开。

3.6.2　数据备份和恢复的三种方式

数据的备份和恢复一般方式有 PC 侧"超级终端"、"WINPCIN 专用软件"和 CF 存储卡 3 种。

1）超级终端

CNC 数控装置与 PC 的连接电缆可以使用市场上买到的 RS232 电缆（25 芯-9 芯），也可以使用 FANUC 推荐的 RS232 电缆线。在进行数据传输前，用电缆线将 CNC 数控装置与 PC 连接好，然后按以下步骤进行操作：

（1）PC 侧参数设定。

① 在 Windows 中，执行"开始→附件→通信→超级终端"命令，出现如图 3.24 所示的超级终端画面。

图 3.24　超级终端

② 设定新建连接的名称(如 CNC),并选择连接的图标。设定方法如图 3.25 所示。

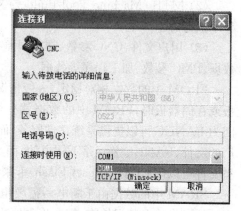

图 3.25　输入连接名称　　　　图 3.26　选择串口

③ 用鼠标单击"确定"按钮,出现如图 3.26 所示的画面,根据本计算机的资源情况设定"连接时使用"串口,本例选择为 COM1,如图 3.26 所示。

④ 用鼠标单击确定按钮,出现如图 3.27 所示的画面,进行端口设置。本例中波特率:9600,数据位:8,奇偶校验:无,停止位:1,流量控制:Xon/Xoff。

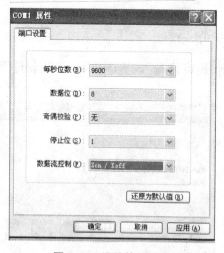
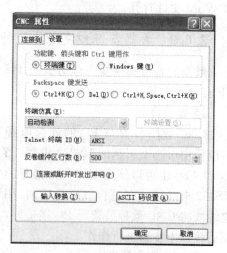

图 3.27　通信协议设置　　　　图 3.28　CNC 属性设置

⑤ 单击"确定"按钮,进入"CNC—超级终端"界面,从文件菜单中选择"属性"选项,设定 CNC 连接的属性(见图 3.28)。

⑥ 用鼠标单击"ASCII 码设置（A）…"按钮，进行 ASCII 码的设定（见图 3.29）。

（2）数控装置侧参数设定。

① I/O 通道设定：参数号 NO.20＝0。

② 停止位的位数：参数位 0101♯0＝1。

③ 数据输出时 ASCII 码：参数位 0101♯3＝1。

④ FEED 不输出：参数位 0101♯7＝1。

⑤ 使用 DC1～DC4：参数号 0102＝0。

⑥ 波特率 9600：参数号 0103＝11。

（3）接受 CNC 数控装置的数据文件。

① 将计算机的 CNC 连接打开。

② 从下拉菜单"传送"中选择"捕获文件"

图 3.29　ASCII 码的设置

选项，并执行该程序。

③ 选择文件存放的位置并给捕获的文件命名，确认开始。

（4）发送数据给 CNC 装置。

① 将 CNC 数控装置处于接收状态。

② 在计算机侧的下拉菜单"传送"中选择"发送文本文件"选项，并执行该程序。

③ 选择需要传送的数据文件，单击"打开"按钮。

2）WINPCIN 专用软件

WINPCIN 软件主要用于与数控系统之间进行程序、数据等文件的传输。在 Windows 的开始菜单下启动 WINPCIN 软件。进入 WINPCIN 通讯软件的主界面，如图 3.30 所示。

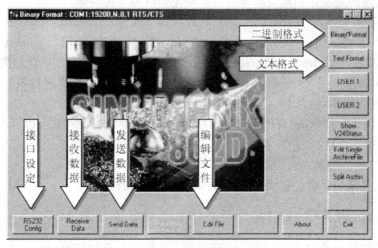

图 3.30　WINPCIN 通讯界面

（1）PC 侧参数设定。在通讯前，需对 RS232 接口进行设定，点击"RS232 Config"按钮，进入通讯参数设定界面，如图 3.31 所示。

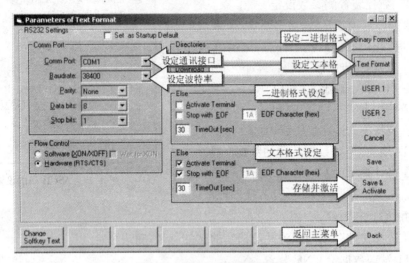

图 3.31　通讯画面设定画面

（2）数控装置侧参数设定。设定方法与采用超级终端方式时的设定相同。

（3）传送数据文件。单击图中的"Send Data"按钮，选择需要传送的数据文件，开始数据传送。

（4）接受数据文件。按图 3.30 中的"Receive Data"按钮，选择文件保存的路径及文件名，开始数据传送。

要注意的是发送和接受双方的通信要先等待再发送数据。

3）CF 存储卡

FANUC 0i - C、0i Mate - C 均提供 PC 机内存卡（Personal Computer Memory Card International Association，PCMCIA）插槽，位于显示器左侧，在这个 PCMCIA 插槽中插入 CF 存储卡，可以方便地对系统的各种数据进行备份和恢复。

存储卡的插入方法：

（1）确认存储卡的"WRITE PROTECT（写保护）"是关断的（可以写入）。

（2）机床断电，将储存卡可靠插入存储卡的插槽中。存储卡上有插入导槽，如方向反了，则不能插入。

下面将详细介绍了存储卡进行数据备份和恢复的方法。

3.6.3　用 BOOT 功能进行整体数据的备份与恢复

所谓数据的备份，即将 CNC 中的数据文件输出至外设（如存储卡、个人 PC 机等)中,用于数据的后备,一旦 CNC 中的数据丢失或系统有软件方面的故障,即可利用备份的数据进行数据的恢复和软故障的排除,从而恢复数控机床的运行。对于新机床的调试,数据的恢复也称为数据的装载。

BOOT 功能是在接通电源时把存放在 FROM 存储器中的各种软件传送到系统工作用 DRAM 存储器中的一种程序。通过系统引导程序 BOOT 画面进行数据备份的方法适用于全部数据的恢复。

1)进入 BOOT 画面

方法一:通过软键操作。同时按住屏幕下方最右边的两个软键,并接通 CNC 电源,直到出现如图 3.32 所示的画面。

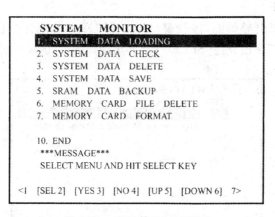

图 3.32 CNC 的 BOOT 画面

(1) SYSTEM DATA LOADING:从 CF 存储卡读取系统文件,并写入 FROM (加载)。

(2) SYSTEM DATA CHECK:显示确认 FROM 内文件。

(3) SYSTEM DATA DELETE:删除写入 FROM 的 PMC 程序等用户文件。

(4) SYSTEM DATA SAVE:把写入 FROM 中的 PMC 程序等保存到存储卡。

(5) SRAM DATA BACKUP:把 SRAM 中存储的 CNC 参数,加工程序等用户数据保存至存储卡或从存储卡恢复数据至 SRAM。

(6) MEMORY CARD FILE DELETE:删除 SRAM 存储卡内的文件。

(7) MEMORY CARD FORMAT:存储卡第一次使用或存储卡内容被破坏时进行存储卡的格式化。

(8) END:结束 BOOT。

方法二:通过数字键操作,同时按住 6 键和 7 键,并接通 CNC 电源,进入

BOOT 引导画面。

2）基本操作方法

用软键[UP]或[DOWN]进行选择处理。把光标移到要选择的功能键上，按软键[SELECT]激活。按画面提示信息，在执行功能之前要按软键[YES]或[NO]进行确认。

3）SRAM 中的数据备份/恢复

SRAM 中保存的内容为 CNC 参数、加工程序、螺距误差补偿值、宏程序、刀具补偿值、工件坐标系数据、PMC 参数等数据，通过第 5 项"SRAM DATA BACKUP"，可以实现 SRAM 和 CF 卡之间数据的传送。

操作步骤如下：

（1）进入系统引导画面，按软键[UP]、[DOWN]，把光标移动至"5. SRAM DATA BACKUP"→按软键[SELECT]，即出现如图 3.33 所示的画面。

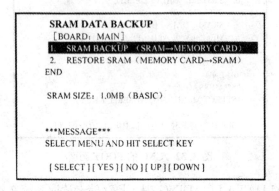

图 3.33   数据备份画面

（2）按软键[UP]、[DOWN]，选择备份或恢复功能。把数据备份至 CF 卡，选择 SRAM BACKUP，新购机床安装调试后，应及时备份机床参数、零件加工程序等数据。

把数据恢复到 SRAM 时，选择 RESTORE SRAM，若系统参数丢失，机床无法工作，这时使用备份数据覆盖 SRAM 中的内容是恢复机床最有效的方法。

（3）按[END]退出。

4）FROM 中的数据备份/恢复

FROM 中保存的内容为系统文件、PMC 梯形图程序、用户宏程序执行器等。

数据备份操作步骤如下：

（1）进入系统引导区。

（2）选择菜单"4. SYSTEM DATA SAVE"。

（3）进行 CF 卡复制操作。

（4）将 CF 卡中的数据存入计算机，备用。

数据恢复操作步骤如下：

（1）进行系统引导区。

（2）选择菜单"1. SYSTEM DATA LOADING"。

（3）进行加载操作。

3.6.4　用 I/O 方式进行个别数据输入与输出

有时用户需要将 CNC 中的程序或参数分别备份，通过 CF 卡传输到个人计算机上直接查看和编辑。这时可用系统的个别数据输入与输出功能，逐个输出 CNC 参数、加工程序、定时器计数器等 PMC 参数、螺距误差补偿量、用户宏变量的变量值、刀具补偿量、梯形图等。

1）输入参数到 SRAM

从 CF 存储卡输入 CNC 参数到 SRAM 的步骤如下：

（1）插入 CF 存储卡，在 SETTING 画面中设定 I/O 通道参数"I/O=4"（输入/输出类型定义为 CF 卡）。

（2）在 SETTING 画面中，设置数据写入参数 PWE=1，允许参数写入。

（3）按功能键【SYSTEM】→按软键［PARAM］→按软键［OPRT］→按扩展键［▷］→按软键［READ］→按软键［EXEC］，参数被读入内存中。

（4）回到 SETTING 设定画面，将数据写入参数 PWE 设置为 0，禁止参数写入。

（5）切断 CNC 电源后再通电。

2）输出参数到 CF 存储卡

输出 CNC 参数到 CF 存储卡的步骤如下：

（1）插入 CF 存储卡，使系统处于 EDIT 方式。

（2）按功能键【SYSTEM】→按软键［PARAM］→按软键［OPRT］→按扩展键［▷］→按软键［PUNCH］。

（3）按下软键［ALL］，可以输出所有的参数，输出文件名为 ALL PARAMETER；若按下软键［NON 0］，可以输出参数值为非 0 的参数，输出文件名为 NON-0. PARAMETER。

（4）按下软键［EXEC］，将完成参数的文本格式输出。

3）输出 PMC 程序和 PMC 参数

输出 PMC 程序和 PMC 参数的步骤如下：

（1）插入 CF 存储卡，在 SETTING 画面中设定 I/O 通道参数"I/O=4"（输入/输出类型定义为 CF 卡）。

（2）使系统处于编辑（EDIT）状态。

（3）按功能键【SYSTEM】→按软键［PARAM］→按软键［OPRT］→按扩展键［▷］→按软键［I/O］，出现输出选项画面，如图 3.34 和图 3.35 所示。

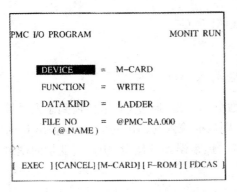

图 3.34 PMC 程序输出选项画面

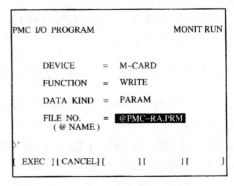

图 3.35 PMC 参数输出选项画面

图中选项说明如下：

DEVICE ＝ M－CARD ：输入/输出设备为 CF 卡存储卡。

　　　　＝ ROM　　　：输入/输出设备为 ROM。

　　　　＝ OTHER ：输入/输出设备为计算机接口（RS232）。

FUNCTION ＝ WRITE ：写数据到外设（输出）。

　　　　　＝ READ ：从外设读数据（输入）。

DATA KIND ＝ LADDER ：数据为梯形图。

　　　　　＝ PARAM ：数据为参数。

FILE NO. ＝ @ PMC_RA. 000 ：梯形图文件名为 PMC_RA. 000。

　　　　　＝ @ PMC_RA. PRM ：参数文件名为 PMC_RA. PRM。

（4）按下软键［EXEC］，输出 PMC 程序或参数到 CF 卡

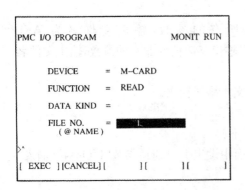

图 3.36 PMC 程序/参数输入选项画面

4）输入 PMC 程序和 PMC 参数

（1）插入 CF 存储卡，在 SETTING 设定画面中，设定 I/O 通道参数"I/O＝4"（输入/输出类型定义为 CF 卡）。

（2）使系统处于编辑（EDIT）状态。

按功能键【SYSTEM】→按软键［PARAM］→按软键［OPRT］→按扩展键［▷］→按软键［I/O］，出现输出选项画面，如图 3.36 所示。

（3）按下软键［EXEC］，输入 PMC 程

序到 DRAM 或输入 PMC 参数到 SRAM。

新输入的 PMC 参数存储到由电池供电保存的 SRAM 中,再上电不会丢失,PMC 参数输入操作全部完成。

但是对于 PMC 程序来说,新输入的 PMC 程序只存储在 DRAM 中,关机再上电之后,由 FROM 向 DRAM 重新加载原有的 PMC 程序,上述操作存储到 DRAM 中的 PMC 程序被清除。因此,若要输入的 PMC 程序长久保存,重新上电后不被清除,还需完成如下操作:

① 按功能键【SYSTEM】→按软键[PMC]→按软键[PMCPRM]→按软键[SETTING],调出 PMC 参数设定画面,设定控制参数"WRITE TO F-ROM (EDIT)＝1",允许写入 F-ROM。

② 按功能键【SYSTEM】→按软键[PMC]→按扩展键[▷]→按软键[I/O],出现的画面中选项设定为:DEVICE-ROM 输入/输出设备为 F-ROM。

③ 按软键[EXEC],PMC 程序由 DRAM 输出到 FROM。

5) 输出加工程序到 CF 存储卡

(1) 插入 CF 存储卡,在 SETTING 画面中设定 I/O 通道参数"I/O＝4"(输入/输出类型定义为 CF 卡),同时指定文件代码类别(ISO 或 EIA)。

(2) 使系统处于编辑(EDIT)状态。

(3) 按功能键【PROG】→按软键[OPRT]→按扩展键[▷]→输入程序号。

(4) 按软键[PUNCH]→按软键[EXEC],指定的一个或多个加工程序就被输出到 CF 存储卡中。

6) 输入加工程序到 SRAM

(1) 插入 CF 存储卡,在 SETTING 画面中设定 I/O 通道参数"I/O＝4"(输入/输出类型定义为 CF 卡)。

(2) 使系统处于编辑(EDIT)状态。

(3) 按功能键【PROG】→按软键[OPRT]→按菜单扩展键[＞]→输入程序号。

(4) 按软键[PUNCH]→按软键[EXEC],指定的加工程序就被输入到 CNC 系统。

3.6.5　系统电池的作用与更换方法

CNC 参数、零件程序、偏置数据都保存在 CNC 控制单元上的 SRAM 中,断电后需要电池保持。

FANUC 0i 系列由装在控制单元板上的锂电池(3 V)为 SRAM 存储器提供备份电源,主电源即使被切断了,SRAM 存储器中的数据也不会丢失,因为备份电池是装在控制单元上出厂的。备份电池可将存储器中的内容保存大约 1 年。

当电池电压降到 2.6 V 以下时,LCD 画面上将显示[BAT]报警信息,同时电池报警信号输出给 PMC。当显示这个报警时,就应该尽快更换电池,通常可在 1~2 周内更换电池。电池究竟能使用多久,因系统配置而异。如果电池电压很低,存储器不能再备份数据,在这种情况下,如果接通控制单元的电源,存储器中的内容就会丢失,从而引起 910(SRAM 奇偶校验)、935(ECC 错误)系统报警。更换电池后,需全清存储器中内容,重新送数据。

更换电池时,控制单元电源必须接通。当电源关断时,拆下电池,存储器的内容会丢失,这一点一定要注意。更换电池的步骤如下:

(1) 接通机床的 CNC 电源,等待大约 30 s 再关断电源。

(2) 拉出位于 CNC 装置背面右下方的电池单元。

(3) 安装事先准备好的新电池单元(一直将电池单元的卡爪按压到卡入盒为止),确认阀锁已经切实钩住。

模块 4　　PMC 参数设置及程序编制

PMC（Programmable Machine Controller）是 FANUC 数控系统区别于 SIMENES 数控系统的 PLC 的专门命名，是 CNC 与机床之间的纽带和信息交换的桥梁，是数控机床维修人员故障判断时重要的参考依据。本模块共分为四个项目，分别介绍 PMC 基础知识及指令系统、I/O Link 连接及地址分配、PMC 程序的编制、PMC 屏幕画面功能的实现等内容。通过本模块的学习和实践，读者应能进行 PMC 地址分配、PMC 参数设置、PMC 实时状态查询、PMC 简单程序的编制等操作和应用。

项目 4.1　PMC 基础知识及指令系统

【知识目标】

　(1) 数控机床的接口信号的分类。

　(2) 数控机床用 PLC 的种类。

　(3) 数控机床输入/输出的标准接口信号。

　(4) PMC 接口地址表达形式。

　(5) PMC 信号地址的定义。

　(6) 基本指令的含义。

　(7) 功能指令的特点和格式。

　(8) PMC 指令的执行过程。

【能力目标】

　(1) 能辨别数控机床接口信号的类型。

　(2) 能编写简单梯形图。

　(3) 能理解常用功能指令的含义。

　(4) 能理解梯形图的执行过程。

【学习重点】

　PMC 信号地址的定义。

4.1.1 数控机床的接口

数控机床"接口"是指数控装置与机床及机床电气设备之间的电气连接部分。接口分为 4 种类型,如图 4.1 所示。第 1 类是与驱动命令有关的连接电路;第 2 类是与测量系统和测量装置有关的连接电路;第 3 类是电源及保护电路;第 4 类是开关量信号和代码信号连接电路。第 1、第 2 类连接电路传送的是控制信号,属于数字控制、伺服控制,即检测信号处理与 PLC 无关。

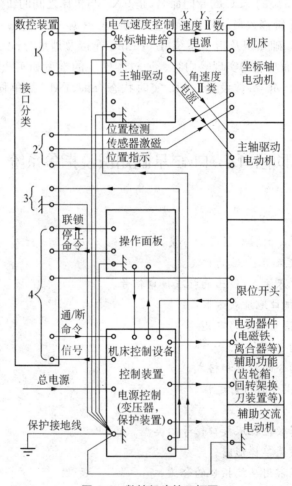

图 4.1　数控机床接口框图

第 3 类由电源、保护电路及数控机床强电线路中的电源控制电路构成。强电线路由电源变压器、控制变压器、各类继电器、保护开关、接触器、功率继电器等连接而成,以便为辅助交流电动机、电磁铁、电磁离合器、电磁阀等大功率执行元件供电。强电电路不能与弱电线路连接,必须经中间继电器转换。

第 4 类开关量和代码信号是数控装置与外部传送的输入/输出控制信号。数控机床不带 PMC 时,这些信号直接在 NC 侧和 MT 侧之间传送。当数控机床带有 PMC 时,这些信号除少数高速信号外,均需通过 PLC。

4.1.2　数控机床用 PLC 的种类

数控机床用 PLC 可分为两类:一类是专为实现数控机床顺序控制而设计制造的"内装型"PLC, PLC 从属于 CNC 装置,PLC 与 CNC 间的信号传送在 CNC 装置内部即可实现,PLC 与机床间则通过 CNC 输入/输出接口电路实现传送;另一类是"独立型"PLC,又称"通用型"PLC,独立型 PLC 是独立于 CNC 装置,具有完备的硬件和软件功能,能够独立完成规定控制任务的装置。

4.1.3　数控机床 DI/DO 的标准接口信号

对于 CNC 装置而言,由机床侧向 CNC 侧传送的信号称为输入信号(DI),由 CNC 侧向机床侧传送的信号为输出信号(DO), DI 和 DO 都为 DC24V。

1) 标准输入信号

输入信号分为两类:一类为一般信号,称为 A 信号;另一类为高速信号,称为 B 信号。

(1) A 信号。A 信号主要是按钮、限位开关、继电器触点或接近开关、检测传感器等采集的闭合/断开状态信号。

A 信号的接收回路如图 4.2 所示,图 4.2 中 RV(Receive)为信号接收器。根据被处理信号的要求,RV 可以是无隔离的滤波和电平转换电路,也可以是光电耦合转换电路。

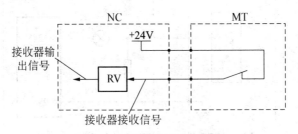

图 4.2　A 信号的接收回路图

A 信号的公共端有两种形式:

① 当+24 V 为公共端时,触点断开时为逻辑"0",闭合时为逻辑"1"。

② 当 0 V 为公共端时,触点断开时为逻辑"1",闭合时为逻辑"0"。

(2) B 信号。B 信号是从机床侧到 CNC 侧传输的高速输入信号。B 信号的接收回路如图 4.3 所示。

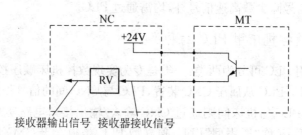

图 4.3　B 信号的接收回路

2) 标准输出信号

直接输出信号 B 用来驱动机床侧的继电器和显示用发光二极管。用晶体管作为驱动器晶体管。直流输出电路如图 4.4 所示。

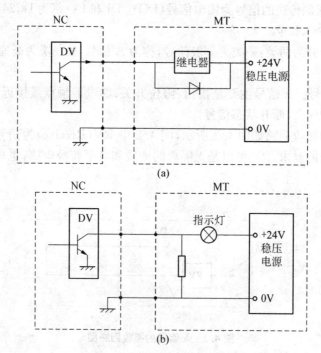

图 4.4　晶体管直流输出电路

(a) 负载为继电器；(b) 负载为指示灯

当 NC 有信号输出时,晶体管基极为高电平,晶体管导通,此时输出信号为"1"状态,电流将继电器线圈接通,指示灯点亮。当 NC 无信号输出时,晶体管不导通,输出状态为"0"。

4.1.4　PMC 接口地址表达形式

在 FANUC 0i 系统中,PMC 接口的地址表达形式如图 4.5 所示,第一位字母表示地址类型,小数点前的数字表示该地址类型的字节地址,小数点后一位数字表示该字节中具体某一位的位地址,范围为 0～7。在功能指令中指定字节单位的地址时,位号就不必给出了。

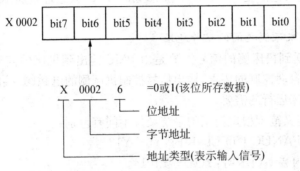

图 4.5　PMC 接口的地址表达形式

4.1.5　PMC 信号地址的定义

PMC 与 CNC 系统部分以及与机床侧辅助电气部分的接口关系,如图 4.6 所示。PMC 信号可以分为:PMC 与 CNC 之间的交换信号,PMC 与机床侧的交换信号以及 PMC 内部信号。

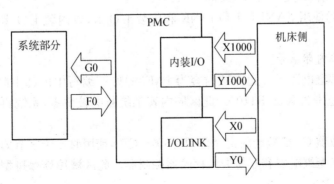

图 4.6　PMC、CNC 与机床侧的接口关系

1) PMC 与 CNC 之间的信号地址

(1) PMC 送到 CNC 的信号。G 是由 PMC 侧输出到 CNC 系统部分的信号，对系统部分进行控制和信息反馈（如轴互锁信号、M 代码执行完毕信号等）。

G 地址的范围是从 G0～G255 和 G1000～G1255（地址号加 1000 是分配给第二系统的）。

(2) CNC 送到 PMC 的信号。F 是 CNC 系统部分侧输入到 PMC 的信号，系统部分就是将伺服电动机和主轴电动机的状态以及请求相关机床动作的信号（如移动中信号、位置检测信号、系统准备完毕信号等），反馈到 PMC 中进行逻辑运算，作为机床动作的条件及进行自诊断的依据。

F 地址的定义范围是 F0～F255 和 F1000～F1255（地址号加 1000 是分配给第二系统的）。

2) PMC 与机床侧之间的信号地址

(1) PMC 送到机床侧的信号。Y 是由 PMC 输出到机床的信号。在 PMC 控制程序中，根据自动控制的要求，输出信号控制机床侧的电磁阀、接触器、信号指示灯动作，满足机床运行的需要。

Y 地址的定义范围根据使用的系统硬件不同有差别：

① 当使用 FANUC I/O LINK 时：Y0～Y127。

② 当使用内装 I/O 卡时：Y000～Y1014。

如果同时使用 FANUC I/O LINK 和内装 I/O 卡，以内装 I/O 卡指定的地址有效。

(2) 机床侧送到 PMC 信号。X 是来自机床侧的输入信号（如接近开关、极限开关、压力开关、操作按钮、对刀仪等检测元件）。

X 地址的定义范围根据使用的系统硬件不同有差别：

① 当使用 FANUC I/O LINK 时：X0～X127。

② 当使用内装 I/O 卡时：X000～X1014。

如果同时使用 FANUC I/O LINK 和内装 I/O 卡，以内装 I/O 卡指定的地址有效。

3) PMC 内部信号

(1) 内部继电器 R。此区域内容为 PMC 梯形图编写中内部中间继电器。R 地址的定义范围为 R0～R1100。此区域内容系统断电被清零，系统再次上电被重新扫描。

(2) 计数器 C。C 地址的定义范围为 C0～C79，使用时 4 个字节为一组。

(3) 保持型继电器和非易失性存储器控制器。此区域用作保持型继电器以及 PMC 参数的设定。

　　K 地址的定义范围为：K16～K19。K16～K19 为 PMC 系统软件参数的设定，此区域内容即使系统断电，存储器内的内容也不丢失。

　　(4) 数据表。D 地址的定义范围为 D0～D1859。

　　(5) 定时器。可以在此区域中用 PMC 功能指令设定时间。

　　T 地址的定义范围为：T0～T79。注意使用时 2 个字节为一组。

　　(6) 信号选择地址。此区域作为信息显示请求地址。

　　A 地址的定义范围为 A0～A24。显示的信息数＝字节数×8＝25×8＝200 条。此区域内容系统上电时被清零，系统重新刷新扫描。

4.1.6　常用 PLC 指令系统

　　FANUC 系统专门用于数控机床的 PLC，称为可编程机床控制器，简称为 PMC。PMC 指令分为基本指令和功能指令两种类型。在 FANUC 数控系统中，PMC 常用的规格有 PMC‐L/M，PMC‐SA1/SA3 及 PMC‐SB7 等。其中 FANUC‐OC/OD 系统通常配置 PMC‐L/M 型 PMC，FANUC‐0iA 系统通常配置 SA3 型 PMC，FANUC‐0iB 配置 SA1 型 PMC，而 FANUC‐0iC 统一般配置的都是 SB7 系列 PMC 程序。FANUC 0i 系统 PMC 的性能和规格如表 4.1 所示。

表 4.1　FANUC‐0i 系统 PMC 的性能和规格

PMC 类型	FANUC‐0iA 系统 SA3	FANUC‐0iB 系统 SA1	FANUC‐0iC 系统 SB7
编程方法	梯形图	梯形图	梯形图
程序级数	2	2	3
第一级程序扫描周期	8 ms	8 ms	8 ms
基本指令执行时间	0.15 μs/步	5.0 μs/步	0.033 μs/步
程序容量	最大约 12 000 步	最大约 12 000 步	最大约 64 000 步
基本指令	14	12	14
功能指令	66	48	69
内部继电器(R)	1 000 B	1 000 B	8 500 B
信息显示请求位(A)	25 B	25 B	50 B
数据表(D)	1 860 B	1 860 B	10 000 B
可变定时器(T)	40 个	40 个	250 个
固定定时器(T)	100 个	100 个	500 个

（续表）

PMC 类型	FANUC‐0iA 系统 SA3	FANUC‐0iB 系统 SA1	FANUC‐0iC 系统 SB7
计数器(C)	20 个	20 个	100 个
固定计数器(C)	无	无	100 个
子程序(P)	512	无	2 000
标号(L)	999	无	9 999
I/O Link 输入/输出	最大 1 024/最大 1 024	最大 1 024/最大 1 024	最大 2 048/最大 2 048
顺序程序存储	128 kB	128 kB	128~768 kB

1) 基本指令

基本指令是在设计顺序程序时常用到的指令,它们执行一位运算,例如,AND 或 OR 等指令,共 12 种。PMC‐SB7 基本指令共 14 条,如表 4.2 所示。

表 4.2 PMC‐SB7 的基本操作指令表

序号	指　　令		功　　能
	格式 1(代码)	格式 2(FAPT LADDER 键操作)	
1	RD	R	读入指定的信号状态并设置在 STO 中。
2	RD. NOT	RN	将读入的指定信号的逻辑状态取非后设到 STO。
3	WRT	W	将逻辑运算结果(STO 的状态)输出到指定的地址。
4	WRT. NOT	WN	将逻辑运算结果(STO 的状态)取非后输出到指定的地址。
5	AND	A	逻辑与。
6	AND. NOT	AN	将指定的信号状态取非后逻辑与。
7	OR	O	逻辑或。
8	OR. NOT	ON	将指定的信号状态取非后逻辑成。
9	RD. STK	RS	将寄存器的内容左移 1 位,把指定地址的信号状态设到 STO。
10	RD. NOT. STK	RNS	将寄存器的内容左移 1 位,把指定地址的信号状态取非后设到 STO。

（续表）

序号	指　　令		功　　能
	格式 1（代码）	格式 2（FAPT LADDER 键操作）	
11	AND. STK	AS	ST0 和 ST1 逻辑与后，堆栈寄存器右移一位。
12	OR. STK	OS	ST0 和 ST1 逻辑或后，堆栈寄存器右移一位。
13	SET	SET	ST0 和指定地址中的信号逻辑或后，将结果返回到指定的地址中。
14	RST	RST	ST0 的状态取反后和指定地址中的信号逻辑与，将结果返回到指定的地址中。

应用举例：

图 4.7 所示的梯形图，对应的指令代码表和运算结果如表 4.3 所示。

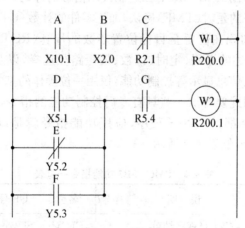

图 4.7　梯形图

表 4.3　指令代码表和运算结果状态表

指令代码					运算结果状态		
序号	指令	地址号	位号	说明	ST2	ST1	ST0
1	RD	X10. 1		A			A
2	AND	X2. 0		B			A. B
3	AND. NOT	R2. 1		C			A. B. $\overline{C}$
4	WRT	R200. 0		W1 输出			A. B. $\overline{C}$

（续表）

序号	指令代码				运算结果状态		
	指令	地址号	位号	说明	ST2	ST1	ST0
5	RD	X5.1		D			D
6	OR. NOT	Y5.2		E			$D+\overline{E}$
7	OR	Y5.3		F			$D+\overline{E}+F$
8	AND	R5.4		G			$(D+\overline{E}+F)\cdot G$
9	WRT	R200.1		W2 输出			$(D+\overline{E}+F)\cdot G$
10							

2）功能指令

数控机床所用 PLC 的指令必须满足数控机床信息处理和动作控制的特殊要求。例如，由 CNC 输出的 M、S、T 二进制代码信号的译码（DEC），机械运动状态或液压系统动作状态的延时（TMR）确认，加工零件的计数（CTR），刀库、分度工作台沿最短路径旋转和现在位置至目标位置步数的计算（ROT），换刀时数据检索（DSCH）等。对于上述的译码、定时、计数、最短路径选择，以及比较、检索、转移、代码转换、四则运算、信息显示等控制功能，仅用一位操作的基本指令编程，实现起来将会十分困难。因此要增加一些具有专门控制功能的指令，这些专门指令就是功能指令。功能指令都是一些子程序，应用功能指令就是调用相应的子程序。PMC - SB7 功能指令，如表 4.4 所示。

表 4.4　PMC - SB7 功能指令一览表

序号	名称	SUB 号	说　明	序号	名称	SUB 号	说　明
1	END1	SUB1	第 1 级程序结束	9	CRTC	SUB55	计数器
2	END2	SUB2	第 2 级程序结束	10	ROT	SUB7	旋转控制
3	TMR	SUB3	定时器	11	ROTB	SUB27	二进制旋转控制
4	TMRB	SUB24	固定定时器	12	COD	SUB8	代码转换
5	TMRC	SUB54	定时器	13	CODB	SUB28	二进制代码转换
6	DEC	SUB4	译码	14	MOVE	SUB8	逻辑乘后数据传送
7	DECB	SUB25	二进制译码	15	MOVOR	SUB28	逻辑或后数据传送
8	CRT	SUB5	计数器	16	MOVB	SUB43	字节数据传送

（续表）

序号	名称	SUB号	说　明	序号	名称	SUB号	说　明
17	MOVW	SUB44	字数据传送	42	MULB	SUB38	二进制乘法
18	MOVN	SUB45	块数据传送	43	DIV	SUB22	除法
19	COM	SUB9	公共线控制	44	DIVB	SUB39	二进制除法
20	COME	SUB29	公共线控制结束	45	NUME	SUB23	常数定义
21	JMP	SUB10	跳转	46	NUMEB	SUB40	二进制常数定义
22	JMPE	SUB30	跳转结束	47	DISPB	SUB41	扩展信息显示
23	JMPB	SUB68	标号1跳转	48	EXIN	SUB42	外部数据输入
24	JMPC	SUB73	标号2跳转	49	AXCTL	SUB53	PMC轴控制
25	LBL	SUB69	标号	50	WINDR	SUB51	读CNC窗口数据
26	PARI	SUB11	奇偶校验	51	WINDW	SUB52	写CNC窗口数据
27	DCNV	SUB14	数据转换	52	MMC3R	SUB88	读MMC3窗口数据
28	DCNVB	SUB31	扩展数据转换	53	MMC3W	SUB89	写MMC3窗口数据
29	COMP	SUB15	比较	54	MMCWR	SUB98	读MMC2窗口数据
30	COMPB	SUB32	二进制比较	55	MMCWW	SUB99	写MMC2窗口数据
31	COIN	SUB16	一致性检测	56	DIFU	SUB57	上升沿检测
32	SFT	SUB33	寄存器移位	57	DIFD	SUB58	下降沿检测
33	DSCH	SUB17	数据检索	58	EOR	SUB59	异或
34	DSCHB	SUB34	二进制数据检索	59	AND	SUB60	逻辑与
35	XMOV	SUB18	变址数据传送	60	OR	SUB61	逻辑或
36	XMOVB	SUB35	二进制变址数据传送	61	NOT	SUB62	逻辑非
37	ADD	SUB19	加法	62	END	SUB64	梯形图程序的结束
38	ADDB	SUB36	二进制加法	63	CALL	SUB65	条件调用子程序
39	SUB	SUB20	减法	64	CALLU	SUB66	无条件调用子程序
40	SUBB	SUB37	二进制减法	65	SP	SUB71	子程序
41	MUL	SUB21	乘法	66	SPE	SUB72	子程序结束

　　功能指令的格式包括控制条件、指令标号、参数和输出几个部分,如图 4.8
所示。

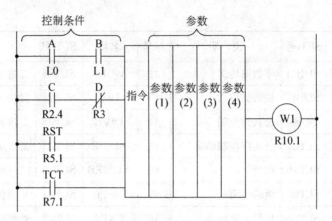

图 4.8　功能指令的格式

　　(1) 控制条件。控制条件的数量和意义随功能指令的不同而变化。控制条件存入堆栈存储器中,其顺序是固定不变的。

　　(2) 指令。指令如表 4.3 所示。

　　(3) 参数。功能指令不同于基本指令,可以处理各种数据,数据本身或存有数据的地址可作为功能指令的参数,参数的数量和含义随指令的不同而不同。

　　(4) 输出。功能指令的执行情况可用一位"1"和"0"表示,把它输出到 R 软继电器,R 的地址随意确定。

4.1.7　PMC 指令的执行过程

1) PMC 扫描过程

　　在 PMC 程序中,使用的编程语言是梯形图(LADDER)。PMC 程序由第一级程序和第二级程序两部分组成。在 PMC 程序执行时,首先执行位于梯形图开头的第一级程序,然后执行第二级程序。第一级程序每 8 ms 执行一次,每 8 ms 中的 1.25 ms 用来执行一、二级 PMC 程序,剩下的时间用于 NC 程序,执行过程如图 4.9 所示。第二级程序会自动分割为 n 份,每 8 ms 中的 1.25 ms 执行完第一级程

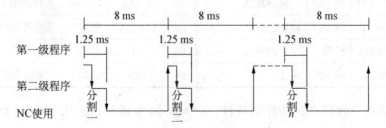

图 4.9　PMC 扫描过程示意图

序,剩下的时间执行一份二级程序,因此二级程序每 $8 \times n (\mathrm{ms})$ 才能执行一次。在第一级程序中,程序越长,第二级程序被分割的份数越多,则整个程序的执行时间(包括第二级程序在内)就会被延长,信号的响应就越慢。因此,第一级程序应编得尽可能短,仅处理短脉冲信号,如急停、各轴超程、返回参考点减速、外部减速、跳步、到达测量位置和进给暂停信号等需要实时响应快的信号。

2) 第 1 级和第 2 级程序中信号状态的区别

即使是同一输入信号,在第 1 级和第 2 级程序中的状态也可能不同,这是因为在第 1 级程序中使用输入信号存储器,在第 2 级程序中使用同步输入信号存储器,因此第 2 级程序中的输入信号要比第 1 级的输入信号滞后,在最坏的情况下,可滞后一个二级程序的执行周期。

在图 4.10 所示的梯形图程序中,当 A.M 短脉冲信号为"ON 时",在图 4.10(a)中,W=1 时,W2 可能不为 1,因为 A.M 信号的状态在第 1 级和第 2 级程序中有可能不同。在图 4.10(b)中,W1=1,则 W2=1。

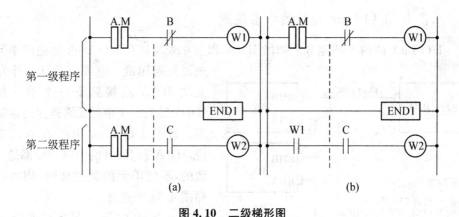

第一级程序

第二级程序

(a)　　　　　　　　　(b)

图 4.10　二级梯形图

项目 4.2　I/O Link 连接及地址分配

【知识目标】

(1) I/O Link 地址的命名规则。

(2) I/O Link 连接方法。

(3) I/O Link 地址分配方法。

（4）I/O 模块地址的软件设定方法。

【能力目标】

（1）能进行 I/O Link 的连接。

（2）能对 I/O Link 中的单元分配地址。

（3）能在数控装置中设定 I/O 模块的地址。

【学习重点】

I/O Link 连接及地址设定。

FANUC I/O Link 是一个串行接口，将 CNC、单元控制器、分布式 I/O、机床操作面板或 Power Mate 等连接起来，并在各设备间高速传送 I/O 信号。当连接多个设备时，FANUC I/O Link 将一个设备认作主单元，其他设备作为子单元，子单元的输入信号每隔一定周期送到主单元，主单元的输出信号也每隔一定周期送至子单元。因此在 PMC 梯形图编辑前要进行 I/O 模块的设置，即地址分配。

4.2.1　I/O Link 地址的命名规则

I/O Link 的两个插座分别叫做 JD1A 和 JD1B，对具有 I/O Link 功能的单元来说是通用的。电缆总是从一个单元的 JD1A 连接到下一个单元的 JD1B，最后一个单元无需连接终端插头。对于 I/O Link 中所有单元来说，JD1A 和 JD1B 的引脚分配都是一致的，不管单元的类型如何，均可按照图 4.11 来连接。

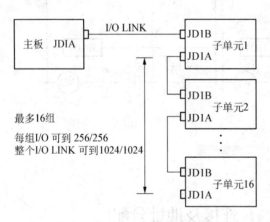

图 4.11　FANUC I/O Link 连接图

一个 I/O LINK 最多可连接 16 组子单元，以组号表示其所在的位置；在一组子单元中最多可连接 2 个基本单元，其基座号表示其所在的位置；在每个基本单元中最多可安装 10 个 I/O 模块，以插槽号表示其所在的位置，再配合模块的名称，最后确定这个 I/O 模块在整个 I/O 中的地址，也就确定了 I/O 模块中各个 I/O 点的唯一地址。因此各模块的安装位置由组号、基座号、插槽号和模块名称 4 个部分来表示。某系统 I/O LINK 插口挂接了两组从属单元：操作面板 I/O 单元和 I/O 单元，手轮连接在 I/O 单元上，如图 4.12 所示。

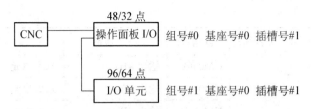

图 4.12　I/O LINK 连接图举例

两组从属单元的 I/O 地址设置如下：

操作面板 I/O 单元的 I/O 地址为：X000～X005（组号. 基座号. 插槽号. 模块名称＝0.0.1. /6），Y000～Y003（组号. 基号. 插槽号. 模块名称＝0.0.1. /4）。

I/O 单元的 I/O 地址为：X006～X0021（组号. 基号. 插槽号. 模块名称＝0.0.1. /OC02I），Y004～Y0011（组号. 基号. 插槽号. 模块名称＝0.0.1. /8）。

其中，OC02I 为模块的名字，它表示该模块的大小为 16 个字节；/6 表示该模块有 6 个字节。模块名称及占用地址如表 4.5 所示。

表 4.5　模块名称及占用地址

序号	名称（实际模块名称）	模块名称	占用地址	说　明
1	FANUC CNC 系统 FANUC POWER MATE	FS04A	输入 4B/输出 4B	FANUC 0 - C FANCU MATE A/B/C/D/E/F/H
		FS08A	输入 8B/输出 8B	
		OC02I	输入 16B	
		OC02O	输出 16B	
		OC03I	输入 32B	
		OC03O	输出 32B	
2	操作面板	/6	输入 6B	不带手轮
		/4	输出 4B	
3	I/O 单元	OC02I	输入 16B	输入点数只有 12B,其余 4B 为手轮和 DO 报警检测所用
		/8	输出 8B	
4	分线盘 I/O	CM03I	输入 3B	只用基本单元
		CM06I	输入 6B	基本单元＋扩展单元 1
		CM09I	输入 9B	基本单元＋扩展单元 1&2
		CM12I	输入 12B	基本单元＋扩展单元 1&2&3
		CM02O	输出 2B	只用基本单元

（续表）

序号	名称（实际模块名称）	模块名称	占用地址	说　明
4	分线盘 I/O	CM04O	输出 4B	基本单元＋扩展单元 1
		CM06O	输出 6B	基本单元＋扩展单元 1&2
		CM08O	输出 8B	基本单元＋扩展单元 1&2&3
		CM13I	输入 13B	用 1 个手轮
		CM14I	输入 14B	用 2 个手轮
		CM15I	输入 15B	用 3 个手轮
		CM16I	输入 16B	DO 报警检测

4.2.2　I/O Link 连接及地址分配

1) 采用专用 I/O 板时的地址分配

FANUC 0i - C 数控系统的控制单元有内置的 I/O 板（见图 4.13），用于各检测元件信号的采集和控制各种气、液压阀组件、指示灯的动作，该单元有 96/64 个输入/输出点。

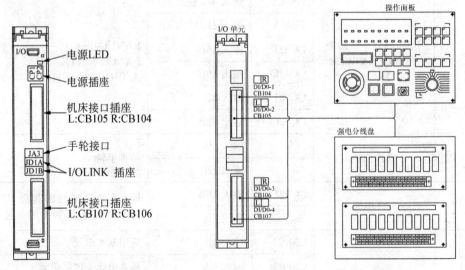

图 4.13　FANUC 0i - C 系统
专用的 I/O 单元

图 4.14　I/O 单元与操作面板、
强电分线盘的连接图

I/O 单元与机床操作面板、强电分线盘的连接如图 4.14 所示。

CB104～CB107 的具体的管脚分配如图 4.15 所示。

CB104 HIROSE SOPIN		
	A	B
01	0 V	+24 V
02	Xm+0. 0	Xm+0. 1
03	Xm+0. 2	Xm+0. 3
04	Xm+0. 4	Xm+0. 5
05	Xm+0. 6	Xm+0. 7
06	Xm+1. 0	Xm+1. 1
07	Xm+1. 2	Xm+1. 3
08	Xm+1. 4	Xm+1. 5
09	Xm+1. 6	Xm+1. 7
10	Xm+2. 0	Xm+2. 1
11	Xm+2. 2	Xm+2. 3
12	Xm+2. 4	Xm+2. 5
13	Xm+2. 6	Xm+2. 7
14		
15		
16	Yn+0. 0	Yn+0. 1
17	Yn+0. 2	Yn+0. 3
18	Yn+0. 4	Yn+0. 5
19	Yn+0. 6	Yn+0. 7
20	Yn+1. 0	Yn+1. 1
21	Yn+1. 2	Yn+1. 3
22	Yn+1. 4	Yn+1. 5
23	Yn+1. 6	Yn+1. 7
24	DOCOM	DOCOM
25	DOCOM	DOCOM

CB105 HIROSE SOPIN		
	A	B
01	0 V	+24 V
02	Xm+3. 0	Xm+3. 1
03	Xm+3. 2	Xm+3. 3
04	Xm+3. 4	Xm+3. 5
05	Xm+3. 6	Xm+3. 7
06	Xm+8. 0	Xm+8. 1
07	Xm+8. 2	Xm+8. 3
08	Xm+8. 4	Xm+8. 5
09	Xm+8. 6	Xm+8. 7
10	Xm+9. 0	Xm+9. 1
11	Xm+9. 2	Xm+9. 3
12	Xm+9. 4	Xm+9. 5
13	Xm+9. 6	Xm+9. 7
14		
15		
16	Yn+2. 0	Yn+2. 1
17	Yn+2. 2	Yn+2. 3
18	Yn+2. 4	Yn+2. 5
19	Yn+2. 6	Yn+2. 7
20	Yn+3. 0	Yn+3. 1
21	Yn+3. 2	Yn+3. 3
22	Yn+3. 4	Yn+3. 5
23	Yn+3. 6	Yn+3. 7
24	DOCOM	DOCOM
25	DOCOM	DOCOM

CB106 HIROSE SOPIN		
	A	B
01	0 V	+24 V
02	Xm+4. 0	Xm+4. 1
03	Xm+4. 2	Xm+4. 3
04	Xm+4. 4	Xm+4. 5
05	Xm+4. 6	Xm+4. 7
06	Xm+5. 0	Xm+5. 1
07	Xm+5. 2	Xm+5. 3
08	Xm+5. 4	Xm+5. 5
09	Xm+5. 6	Xm+5. 7
10	Xm+6. 0	Xm+6. 1
11	Xm+6. 2	Xm+6. 3
12	Xm+6. 4	Xm+6. 5
13	Xm+6. 6	Xm+6. 7
14	COM4	
15		
16	Yn+4. 0	Yn+4. 1
17	Yn+4. 2	Yn+4. 3
18	Yn+4. 4	Yn+4. 5
19	Yn+4. 6	Yn+4. 7
20	Yn+5. 0	Yn+5. 1
21	Yn+5. 2	Yn+5. 3
22	Yn+5. 4	Yn+5. 5
23	Yn+5. 6	Yn+5. 7
24	DOCOM	DOCOM
25	DOCOM	DOCOM

CB107 HIROSE SOPIN		
	A	B
01	0 V	+24 V
02	Xm+7. 0	Xm+7. 1
03	Xm+7. 2	Xm+7. 3
04	Xm+7. 4	Xm+7. 5
05	Xm+7. 6	Xm+7. 7
06	Xm+10. 0	Xm+10. 1
07	Xm+10. 2	Xm+10. 3
08	Xm+10. 4	Xm+10. 5
09	Xm+10. 6	Xm+10. 7
10	Xm+11. 0	Xm+11. 1
11	Xm+11. 2	Xm+11. 3
12	Xm+11. 4	Xm+11. 5
13	Xm+11. 6	Xm+11. 7
14		
15		
16	Yn+6. 0	Yn+6. 1
17	Yn+6. 2	Yn+6. 3
18	Yn+6. 4	Yn+6. 5
19	Yn+6. 6	Yn+6. 7
20	Yn+7. 0	Yn+7. 1
21	Yn+7. 2	Yn+7. 3
22	Yn+7. 4	Yn+7. 5
23	Yn+7. 6	Yn+7. 7
24	DOCOM	DOCOM
25	DOCOM	DOCOM

图 4.15　插头管脚分配图

采用专用 I/O 单元,如不再接其他模块时,可设置如下:X 地址从 X0 开始(组. 基座. 插槽. 模块名:0.0.1.OC021I),Y 地址从 Y0 开始(组. 基座. 插槽. 模块名:0.0.1./8),其中手轮连接到系统专用的 I/O 单元的 JA3 上,手轮信号从 X12~X14 引入系统。可以通过旋转手轮,同时观察 PMC 的 X12~X14 是否变化来确定手轮是否起作用。

2)采用标准机床面板时的地址分配

使用标准机床操作面板时,机床侧一般还有一个 I/O 卡,手轮必须接在标准面板后的 JA3 口。可设置如下:机床侧 I/O 卡的 I/O 点,X 点从 X0 开始(0.0.1.OC01I),Y 点从 Y0 开始(0.0.1./8);操作面板侧的 I/O 点,X 点从 X20 开始(1.0.1.OC02I),Y 点从 Y24 开始(1.0.1./8)。

3)分线盘 I/O 模块的设定

对于分线盘(分散型)I/O 模块,要将所有的模块(基本模块加扩展模块)作为一个整体来设定。

可以连接 1 个基本模块、3 个扩展模块(见图 4.16),每个模块单元占用 3 个字节的输入点、2 个字节的输出点,总共占用了 12 个字节输入和 8 个字节输出。

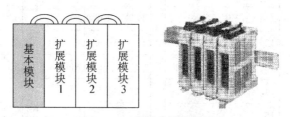

图 4.16　分线盘模块的设定

4)I/O Link 轴的设定

(1)I/O 轴的连接如图 4.17 所示。每个轴占用 16 个字节输入/16 个字节输出点。FANUC I/O Link 的最大点数为 1 024/1 024。

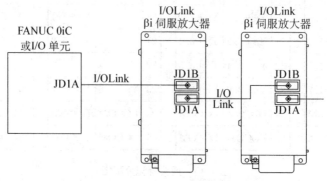

图 4.17　I/O Link 轴连接

（2）I/O Link 轴的地址分配。根据 I/O Link 轴的地址规定,如果没有任何其他 I/O 模块连接,理论上可以连接 8 个 I/O Link 轴。

输入点一般从 X20 开始,模块名称可以设定为 0.0.1.PM16I、1.0.1./16 或 1.0.1.OC02I,输出点一般从 Y20 开始,模块名称可以设定为 0.0.1.PM16O、1.0.1./16或 1.0.1.OC02O。不管设定的模块名称是什么,只要确保输入点有 16 个字节,输出点也有 16 个字节,并且不和其他模块冲突就可以了。另外,I/O Link 轴不能接系统的手轮,但可以有自己的手轮,因此系统手轮必须接到其他的 I/O 模块上。

（3）连接示例。连接实例如图 4.18 所示。

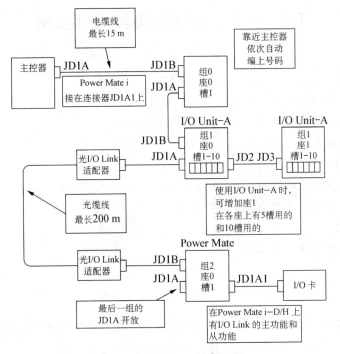

图 4.18 I/O Link 连接实例

4.2.3 I/O 模块地址的软件设定

I/O 模块的地址分配后即可以进行实际的软件设定操作。操作步骤如下:

按功能键【SYSTEM】→按软键[PMC]→[EDIT]→[MODULE],即可出现如图 4.19 所示的 I/O 模块设定画面。

按实际的组号和定义的输入/输出地址依次进行设定。另外注意区分输入和输出模块,在硬件上,输入和输出是在一个模块上,但进行设定时,要分别设定,在

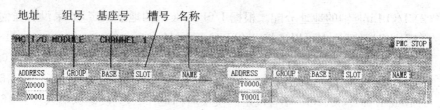

图 4.19　I/O 模块设定画面

模块分配完毕以后,要注意保存,然后机床断电后再上电,分配的地址才能生效。

项目 4.3　PMC 程序编制应用实例

【学习目标】

（1）功能指令 CRT、ROT、COD、CODB、DCNV 的格式及含义。

（2）手动进给速度倍率 PMC 程序设计的方法。

（3）数控机床工作状态开关 PMC 程序设计的方法。

【能力目标】

（1）能读懂进给速度倍率、工作状态开关等 PMC 程序。

（2）能应用常用功能指令编写简单的 PMC 程序。

【学习重点】

功能指令的格式及应用。

4.3.1　功能指令

在编制程序时,有些功能,如控制刀库沿最短路径方向旋转,是很难通过只进行位运算的基本指令来实现的。这时,用功能指令编程会更方便。由于篇幅的限制,本节只对计数器指令 CRT,旋转指令 ROT,代码转换指令 COD、CODB、DCNV 等指令进行介绍,目的是让读者了解功能指令的格式及编程方法,具体指令功能的使用可以参照《FANUC 梯形图语言编程说明书》。

1）计数器指令（CRT）

CRT 计数器有如下功能:

（1）预置型计数器:当达到预置值时输出一信号。预置值可通过 CRT/MDI 设置或在 PMC 程序中设置。

（2）环行计数器:达到预置值后,通过给出另一计数信号返回初始值。

（3）加/减计数器：可以做加计数或减计数。

（4）初始值选择：可将 0 或 1 选为初始值。

CRT 指令的梯形图格式如图 4.20 所示。

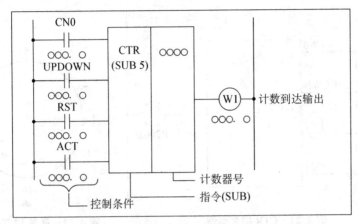

图 4.20　CRT 指令格式

控制条件和参数说明：

（1）指定初始值（CN0）。

CN0＝0 计数由 0 开始；CN0＝1 计数由 1 开始。

（2）指定上升型或下降型计数器（UPDOWN）。

UPDOWN＝0：加计数器；

UPDOWN＝1：减计数器。

（3）复位（RST）。

RST＝0：解除复位；

RST＝1：复位；

W1 变为 0，计数值复位为初始值。

（4）计数信号（ACT）。

ACT＝0：计数器不动作，W1 不会变化；

ACT＝1：在 ACT 上升时进行计数。

例 4.1： 使用预置型计数器来存储转台的位置。PMC 程序如图 4.21 所示。转台有 12 个工位，如图 4.22 所示。

程序说明如下：

（1）当使用如图 4.22 所示 12 分度转台时，计数初始值为 1，L1 的 A 触点用于使 CN0＝1。

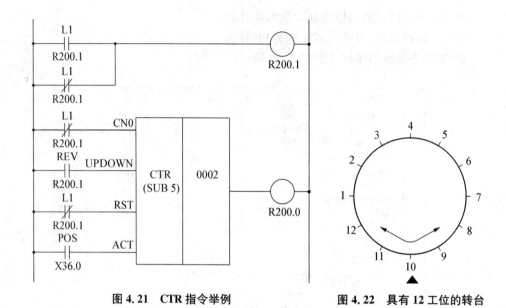

图 4.21 CTR 指令举例   图 4.22 具有 12 工位的转台

(2) 信号 REV 根据旋转的方向改变。正转时变为 0,反转时变为 1。正转时为加法计数器,反转时为减法计数器。

(3) 此例中,因 W1 未被使用,RST=0,计数器从不复位。

(4) 转台每转一圈,计数信号 POS 通断 12 次。

(5) 此例中使用了 2 号计数器,W1 的结果未使用,但它的地址必须确定。

(6) 设置预置值。图 4.22 中的转台为 12 分度,计数器中的预置值必须设定为 12,可由 CRT/MDI 面板输入。

(7) 设定当前值。通电时,转台位置应与计数器中的值一致。此值经由 CRT/MDI 面板设置。当前值一旦设定,每次正确的当前位置都会装入计数器。

(8) 每次转台旋转时,POS 信号会接通和关断,POS 信号接通次数由计数器计数。如下:

1, 2, 3 … 10, 11, 12, 1, 2 …

对于正转

1, 12, 11 … 3, 2, 1, 12

对于反转

2) ROT(旋转控制)

ROT 指令用于回转控制,如刀架、ATC、旋转工作台等。它具有如下功能:

(1) 选择短路径的回转方向。

(2) 计算由当前位置到目标位置的步数。

(3) 计算目标前一位置的位置或到目标前一位置的步数。

ROT 指令的梯形图格式如图 4.23 所示。

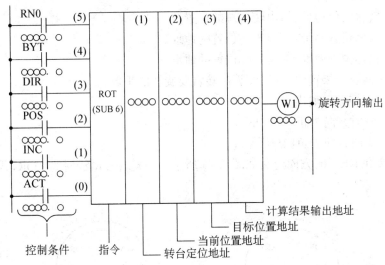

图 4.23　ROT 指令格式

控制条件及参数说明如下:

(1) 指定转台的起始号。

RN0=0:转台的位置号由 0 开始;

RN0=1:转台的位置号由 1 开始。

(2) 指定要处理的数据位数。

BYT=0:两位 BCD 代码;

BYT=1:四位 BCD 代码。

(3) 短路径方向选择。

DIR=0:不选择,选择方向为正向;

DIR=1:进行选择。

(4) 指定操作条件。

POS=0:计数目标位置;

POS=1:计算目标前一位置的位置。

(5) 指定位置数或步数。

INC=0:计数位置数。如果计算目标位置的前一位置,指定 INC=0 和 POS=1;

INC=1:计数步数。如果计算当前位置与目标位置之间的差距,指令 INC=1

和POS＝0。

(6) 执行指令。

ACT＝0：不执行 ROT 指令，W1 没有改变；

ACT＝1：执行。

(7) 转台定位地址：给出转台总的位置数。

(8) 当前位置地址：存储当前位置的地址。

(9) 目标位置地址：存储目标位置的地址。

(10) 运算结果输出地址：计算出转台要旋转的步数。

(11) 旋转方向输出。

W1＝0 时方向为正向(FOR)；

W1＝1 时方向为负向(REV)；

FOR 和 REV 的方向定义如图 4.24 所示。当转台号增加时为 FOR，若减少时为 REV。

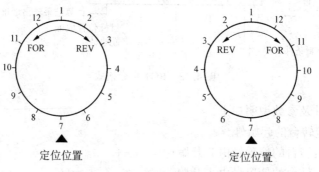

图 4.24　ROT 指令旋转方向定义

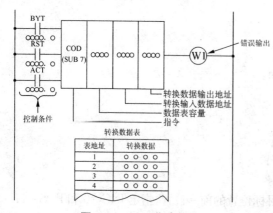

图 4.25　COD 指令格式

3) 代码转换指令 COD

该指令的功能是将 BCD 码转换为任意的 2 位或 4 位 BCD 码。实现代码转换必须提供转换数据输入地址、转换表和转换数据输出地址。在"转换数据输入地址"中以 2 位 BCD 码形式指定一表内地址，根据该地址从转换表中取出转换数据。转换表内的数据可以是 2 位或 4 位 BCD 码。

COD 指令的梯形图格式如图 4.25 所示。

控制条件及参数说明如下：

（1）指令数据形式。BYT＝0 表示转换表中数据为 2 位 BCD 码；BYT＝1 表示 4 位 BCD 码。

（2）错误输出复位。RST＝0 取消复位；RST＝1 设置错误输出 W1 为 0。

（3）执行指令 ACT。

（4）数据表容量。指定转换数据表数据地址的范围 0～99。

（5）转换数据输入地址。内含转换数据的表地址。转换表中的数据通过该地址查到并输出。

（6）转换数据输出地址。2 位 BCD 码的转换数据需要 1 B 的存储器；4 位 BCD 码转换数据需要 2 B 的存储器。

4）二进制代码转换指令（CODB）

CODB 指令是把 2 个字节的二进制代码（0～255）数据转换成 1 个字节、2 个字节或 4 个字节的二进制数据指令。具体功能是把 2 个字节二进制数指定的数据表内数据输出到转换数据的输出地址中。一般用于数控机床面板的倍率开关控制，比如进给倍率、主轴倍率等 PMC 控制。指令格式如图 4.26 所示。

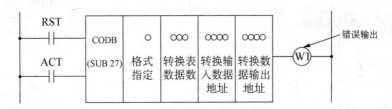

图 4.26　CODB 指令格式

（1）控制条件。

① 复位信号 RST，"0"表示不复位；"1"表示将错误输出 W1 复位。

② 工作指令 ACT，"0"表示不执行 CODB 指令；"1"表示执行 CODB 指令。

（2）参数。

① 指定转换表中数据的存储格式，"1"表示 1 个字节的二进制；"2"表示 2 个字节的二进制；"4"表示 4 个字节的二进制。

② 转换表中数据的数量，表中最多可容纳 256 个字节。

③ 转换表数据输入地址，转换表中的数据可通过指定表中的数据编号（第 1 个数据编号为 0）取出，指定编号的地址称为转换数据输入地址，长度占 1 个字节。

④ 转换数据输出地址，存储数据的地址称为转换数据输出地址。长度为以指定地址开始在格式中规定的连续字。

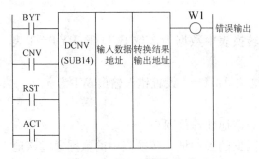

图 4.27　DCNV 指令格式

5）数据转换指令 DCNV

该指令可将二进制代码转换为 BCD 码，或将 BCD 码转换为二进制码。DCNV 指令的梯形图格式如图 4.27 所示。

控制条件及参数说明如下：

（1）BYT＝0：处理数据长度为 1 B；BYT＝1：处理数据长度为 2 B。

（2）CNV＝0：二进制码转换为 BCD 码；CNV＝1：BCD 码转换为二进制码。

（3）转换出错，W1＝1。DCNV 指令举例如图 4.28 所示。当 X15.0＝1 时，把设定在 R110 中的 1 B 的 BCD 码转换为二进制码后存放在 R112 中。如 R110＝00110100（BCD 码），则 R112＝00100010（二进制码）。

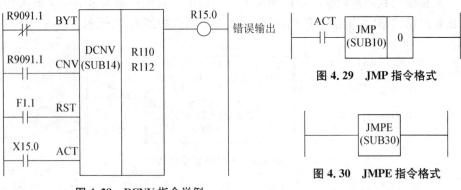

图 4.28　DCNV 指令举例

图 4.29　JMP 指令格式

图 4.30　JMPE 指令格式

6）跳转（JUMP）

JMP 指令使梯形图程序跳转。当指定 JMP 指令时，执行过程跳转至结束指令 JMPE 处，不执行 JMP 与 JMPE 之间的逻辑指令。JMP 指令的梯形图格式如图 4.29 所示。

7）跳转结束（JMPE）

该指令指定 JMP 的控制范围，不能单独使用，必须与 JMP 配合使用。指令格式如图 4.30 所示。

JMP 和 JMPE 指令举例如图 4.31 所示。当 X13.0 为"1"时，信号 Y13.1 和 Y13.2 保持不变。

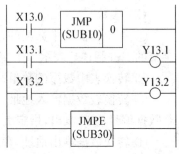

图 4.31　JMP 和 JMPE 指令举例

4.3.2　手动进给速度倍率 PMC 程序设计

1) 手动进给速度倍率控制原理

在 FANUC 0i 数控系统中,手动进给速度由参数号 NO.1423 来定义,手动进给速度=参数设定值(NO.1423)×手动进给倍率%(G10、G11)。

G010	* JV7	* JV6	* JV5	* JV4	* JV3	* JV2	* JV1	* JV0
G011	* JV15	* JV14	* JV13	* JV12	* JV11	* JV10	* JV9	* JV8

* JV0～* JV15 是 16 位二进制编码信号,其接口地址为 G010～G011,长度为两个字节。

注:* 表示负逻辑,低电平有效。

* JV0～JV15 所对应的倍率可以用下述公式表示:

$$倍率值(\%) = 0.01\% \times \sum_0^{15} 2^i V_i \tag{4-1}$$

式中,当 * $JV_i = 0$ 时,$V_i = 1$;

当 * $JV_i = 1$ 时,$V_i = 0$;

由此可知,JV0～JV15 所对应的权值分别为:

* JV0	0.01%	* JV1	0.02%	* JV2	0.04%	* JV3	0.08%
* JV4	0.16%	* JV5	0.32%	* JV6	0.64%	* JV7	1.28%
* JV8	2.56%	* JV9	5.12%	* JV10	10.24%	* JV11	20.48%
* JV12	40.96%	* JV13	81.92%	* JV14	163.84%	* JV15	327.68%

例如:当倍率为 100%(100% = 81.92% + 10.24% + 5.12% + 2.56% + 0.16%)时,* JV4、* JV8、* JV9、* JV10 分别为 0。G11 和 G10 中的值为 11011000、11101111。

FANUC 0i 系统中规定,当信号全部为"1"或"0"时,倍率值都为 0。因此,JOG 进给倍率可以在 0～655.34%的范围内进行选择。

2) 程序设计

某机床采用 FANUC 0i - TC 系统内置的 PLC,在机床操作面板上配置了一个 4 位输入信号的二进制编码旋转开关,修调范围设置为 0～150%,间隔为 10%。将编码开关的信号分配给 PLC 的 4 个输入(地址为 X17.0～X17.3),则这些信号可看做 4 位二进制码,范围为 0000～1111,分别对应 0～150%。

　　根据机床所处不同状态,JOG 模式下,进行手动进给倍率的修调;AUTO 和 MDI 状态下,切换为切削进给速率的修调,PMC 控制程序如图 4.30 所示。

　　图 4.32 中,F3.2 为 JOG 运行方式,F3.3 为 MDI 运行方式,F3.5 为 AUTO 运行方式,在这里作为手动和自动倍率切换条件。R55.0～R55.3 为中间暂存地址,用来存储编码开关输入信号,再将整个 R21 字节中的值(0～15)作为转换表的数据编号。

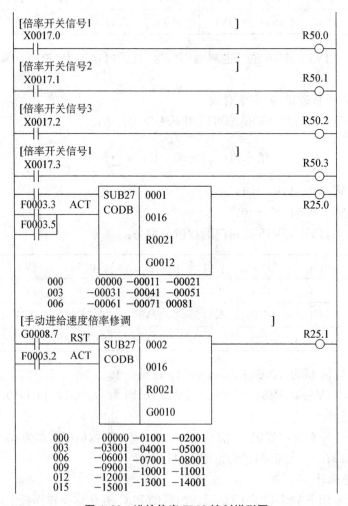

图 4.32　进给倍率 PMC 控制梯形图

　　利用 CODB 指令进行倍率修调的原理就是将二进制编码开关的输入信号看做转换表的数据编号,把所对应的表数据以二进制补码形式输出到倍率信号接口地址

G010~G011中去。如10％的倍率对应的 *JV15~*JV0 为1111 1100 0001 0111,它的补码是1000 0011 1110 1001,化为十进制数为−1 001,则10％对应的转换表中的数据为−1 001。

例如,将旋转开关旋转至50％,X17.3~X17.0四位的输出值分别为0、1、0、1,R21中的值为十进制数值5,CODB指令将转换编号为5的数据,即第6个数据−5 001(二进制表示:1001 0011 1000 1001)以补码的形式输出到手动倍率信号地址中,对应的G011~G010（*JV15~*JV0）的内容为1110 1100 0111 0111。对应倍率=40.96％+5.12％+2.56％+1.28％+0.08％=50％。

4.3.3 工作状态开关 PMC 程序设计

1）数控机床工作状态开关

数控机床工作开关主要包括自动、编辑、MDI、DNC、回零、点动、手脉等7种方式,如图4.33所示。

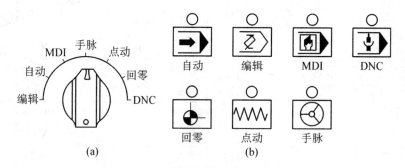

图 4.33 数控机床工作状态界面

（a）机床厂家操作面板；（b）系统标准机床操作面板

各工作状态的作用如下:

（1）编辑状态（EDIT）。在此状态下,编辑存储到 CNC 内存中的加工程序文件。

（2）存储运行状态（MEM）。在此状态下,系统运行的加工程序为系统存储器内的程序。

（3）手动数据输入状态（MDI）。在此状态下,通过 MDI 面板可以编制最多10行的程序并被执行,程序格式和通常程序一样。

（4）手轮进给状态（HND）。在此状态下,刀具可以通过旋转机床操作面板上的手摇脉冲发生器微量移动。

（5）手动连续进给状态（JOG）。在此状态下,持续按下操作面板上的进给轴及方向选择开关,会使刀具沿着轴的所选方向连续移动。

(6) 机床返回参考点(REF)。在此状态下,可以实现手动返回机床参考点的操作。通过返回机床参考点操作,CNC 系统确定机床零点的位置。

(7) DNC 状态(RMT)。在此状态下,可以通过阅读机(加工纸带程序)或 RS - 232 通信口与计算机进行通信,实现数控机床的在线加工。

2) 状态开关 PMC 控制梯形图

PMC 控制梯形图如图 4.34 所示。

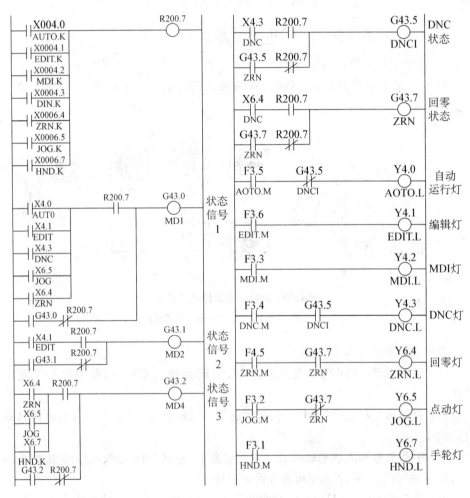

图 4.34　状态开关 PMC 梯形图

项目4.4　PMC 屏幕画面功能及参数设定

【知识目标】

（1）PMC 屏幕画面功能的应用。

（2）PMC 参数的设定。

（3）PMC 程序的启动与停止。

【能力目标】

（1）能启动和停止 PLC 程序。

（2）能应用屏幕画面功能完成查询、设置等操作。

（3）能实时监控梯形图的运行。

（4）能编辑 PLC 程序。

【学习重点】

PMC 屏幕画面功能的应用。

4.4.1　PMC 屏幕画面功能的应用

通过查看 PMC 屏幕画面，可以对梯形图进行监控、查看各地址状态、地址状态的跟踪、参数（T、C、K、D）的设定。

1）查看梯形图

查看梯形图的操作步骤如下：

（1）按 MDI 键盘上的【SYSTEM】键，调出 PMC 屏幕画面。

（2）按下［PMC］软键，进入 PMC 管理界面的画面。

（3）按下［PMCLAD］软键，调出梯形图监控画面。

（4）这时，可以使用 MDI 键盘上［UP］和［DOWN］键来浏览梯形图。

2）查找触点

在梯形图中查找触点和线圈，是日常保养和维修过程中经常会进行的操作。因此，能够熟练地查找触点和线圈，是提高维修效率的有效手段。

下面以查找地址为 G8.4（G8.4 是 PMC 侧将机床急停信号输入到系统部分的接口地址）的触点为例，操作步骤如下：

（1）按下［SEARCH］软键，进入查找画面。

（2）键入 G8.4，然后按下［SEARCH］软键。

（3）画面中梯形图的第一行就是所查找的触点。

3）查找线圈

下面以查找 G8.4 线圈为例，介绍更快捷的查找方法，操作步骤如下：

（1）键入 G8.4，然后按下［W-SRCH］软键。

（2）画面中梯形图的第一行就是所查找的线圈。

4）查找梯形图的行号

查找梯形图的行号，操作步骤如下：

（1）输入行号。

（2）按下［N-SRCH］软键，显示所查找行号的梯形图。

5）查找功能指令

查找功能指令需输入功能指令的编号。下面来查找编号为 3（SUB3）的可变定时器功能指令，操作步骤如下：

（1）键入 3，然后按下［F-SRCH］软键。

（2）梯形图画面中出现所查找的功能指令。

6）用信号触发器监控梯形图

信号触发器监控功能是指利用指定地址信号的上升沿或下降沿，停止梯形图的即时显示状态，从而可以准确地查阅一个指定信号在变化的同时，梯形图其他信号的状态。

现指定 X2.2 为触发信号，在其下降沿的位置停止梯形图的即时显示状态为例，进行用信号触发器监控梯形图的操作。操作步骤如下：

（1）按下［TRIGER］软键，出现触发器监控画面，如图 4.35 所示。

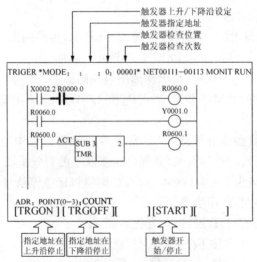

图 4.35　触发器监控画面

触发器设定的格式：ADR；CONIT(0~3)；COUNT

① ADR：触发器指定地址。

② PONIT(0~3)：触发器检查位置，有0~3(省略时为0)。

0——梯形图第一级开头。

1——END1 执行后。

2——END2 执行后。

3——END3 执行后。

③ COUNT：触发器检查次数，为 1~65 535(省略时为1)。

(2) 输入"X2.2；0；1"，然后按下[TRGOFF]软键。

(3) 按下[START]软键，启动监控功能。

(4) 图 4.31 所示为梯形图保持在 X2.2 下降沿时的状态，此时，X2.2 的实际状态为 0，这时就可以查阅 X2.2 下降沿的位置停止时，梯形图其他信号的状态。

在监控梯形图状态的同时，还可以查看功能指令中所设定的参数和当前值，操作步骤如下：

(1) 按下连续菜单"[▷]"软键，调出相关的功能，然后按下[DPARA]软键，显示功能指令中所设定的参数和当前值。如图 4.36 所示。

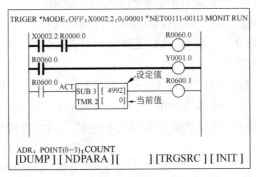

图 4.36　功能指令参数和当前值显示画面

(2) 按下[NDPARA]软键，取消功能指令的参数显示。

(3) 按下返回菜单[◁]软键，梯形图恢复即时显示状态。

7) 梯形图的多窗口显示

下面以在同一个画面显示地址 R10.0、R30.3 和 R30.3 的线圈为例，介绍多窗口显示功能：

(1) 使用 PMC 查找功能确定地址为 R10.0、R30.3 和 R30.5 线圈在梯形图中所处的行号，若分别为 66、85 和 98。

（2）按下［WINDOW］软键。

（3）键入"66"，然后按下［DIVIDE］软键。

（4）键入"85"，然后按下［DIVIDE］软键。

（5）键入"98"，然后按下［DIVIDE］软键。

（6）使用［EXPAND］和［SHRINK］软键，可以对窗口进行扩大和缩小操作。

（7）按下［CANCLE］软键，即可退出梯形图多窗口显示状态。

8）信号状态监控画面

如果只想简单地查阅 I/O、中间继电器等信号的状态，那就可以只使用信号状态监控画面。操作步骤如下：

（1）在 PMC CONTROL SYSTEM MENU（PMC 控制系统菜单）按下［PMCDGN］软键。

（2）按下［STATUS］软键。

（3）输入所要查阅的地址，然后按下［SEARCH］软键。

如果想在查阅梯形图的同时又可以进行信号状态的监控，操作如下：

（1）在 PMC 控制系统菜单中（PMC CONTROL SYSTEM MENU）按下［PMCLAD］软键。

（2）按下"连续菜单"软键，然后按下［DUMP］软键。

（3）输入地址，按下［SEARCH］软键，进行地址查找。

（4）按下连续菜单［▷］软键，然后选择显示形式（BYTE、WORD、D. WORD）。

9）PMC 信号的跟踪

PMC 中的跟踪功能（TRACE）是一个可检查信号变化的履历，记录信号连续变化的状态，特别是对一些偶发性的、特殊故障的查找，定位起着重要作用。通过对跟踪条件的详细设定，便能准确有效地对指定信号的状态进行跟踪。

现以 X0.3 的信号状态变化进行跟踪为例，学习 PMC 信号跟踪的操作方法。

（1）在 PMC 控制系统菜单中（PMC CONTROL SYSTEM MENU）按下［PMCDGN］软键。

（2）按下［TRACE］软键，出现跟踪画面，如图 4.37 所示。

① TRACE MODE：跟踪方式的选择。

0：跟踪并存储一个字节的信号

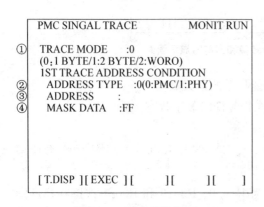

图 4.37　PMC 跟踪画面

变化；

　　1：跟踪并存储两个字节的信号变化；

　　2：跟踪并存储连续两个字节的信号变化，也就是说，当设定第一个字节地址后，第二个字节的地址为设定的第一个字节地址连续的下一个地址。如果第一字节的地址设定为X0，则第二个字节的地址为X1。

　　② ADDRESS TYPE：设定跟踪地址的类型。

　　0：用PMC地址设定跟踪地址，是最常用的类型；

　　1：用物理地址设定跟踪地址，主要在C语言中作用。

　　③ ADDRESS：设定跟踪地址。

　　④ MASK DATA：设定跟踪位。

　　（3）对X0.3的信号状态变化进行跟踪。相对应的设定如下：

　　① TRACE MODE：0。

　　② ADDRESS TYPE：0。

　　③ ADDRESS：X000。

　　④ MASK DATA：08。

　　（4）按下[T. DISP]软键，调出跟踪画面，然后按下[EXEC]软键。

　　（5）按下[STOP]软键，停止执行信号跟踪。

4.4.2　PMC 参数的设定

　　功能指令定时器（SUB3）的定时时间，计数器（SUB4）的预设值，保持继电器的值，以及数据表都可以通过PMCPRM画面进行设定和显示。

　　1）显示PMC参数设定画面

　　进入PMC参数设定画面的操作步骤如下：

　　（1）按MDI键盘上的【SYSTEM】键，调出PMC屏幕画面。

　　（2）按下[PMC]软键，进入PMC管理界面的画面。

　　（3）按下[PMCPRM]软键，进入PMC参数设定画面，即进入了定时器画面，如图4.38所示。

　　2）定时器（TIMER）参数设定

　　在图4.38所示的定时器设定画面中，"NO."为功能指令指定的定时器号；"ADDRESS"为梯形图指定的地址；"DATA"为定时器延时时间。定时器的时间设定单位为ms，每个定时器占用系

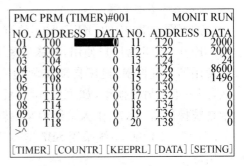

图 4.38　系统 PMC 的参数设定画面

统内部两个字节(二进制)。

系统在 MDI 状态下,在 SETTING 画面中,设置系统保护参数 PWE＝1,就可以直接对定时器设定时间进行修改。把光标移动到所要的定时器号上,输入数字,按"INPUT"键,数据将被输入。设定结束后,将系统保护 PWE 设定为 0。

3) 计数器(COUNTR)参数设定

按下图 4.39 中的[COUNTR]软键,进入计数器设定画面,如图 4.37 所示。其中,"NO."为功能指令指定的计数器号;"ADDRESS"为梯形图指定的地址(每个计数器占用系统内部 4 个字节);"PRESET"为计数器设定值;"CURRENT"为计数器当前值(因为计数器的数值具有断电保护功能)。

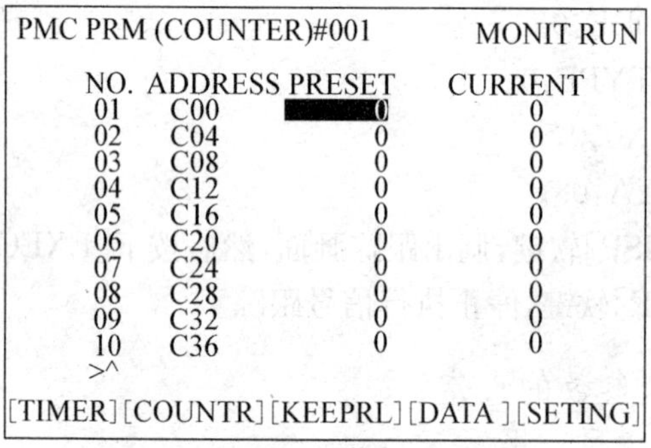

```
PMC PRM (COUNTER)#001              MONIT RUN

    NO. ADDRESS PRESET       CURRENT
    01   C00         0          0
    02   C04         0          0
    03   C08         0          0
    04   C12         0          0
    05   C16         0          0
    06   C20         0          0
    07   C24         0          0
    08   C28         0          0
    09   C32         0          0
    10   C36         0          0
   >^

 [TIMER][COUNTR][KEEPRL][DATA ][SETING]
```

图 4.39　系统 PMC 计数器画面

系统在 MDI 状态下,在 SETTING 画面中,设置系统保护参数 PWE＝1,就可以直接对计数器的预置值进行设定或修改。把光标移动到所要的计数器号上,输入数字,按"INPUT"键,数据将被输入。设定结束后,将系统保护参数 PWE 设定为 0。

4) 保持型继电器

按下图 4.36 中的[KEEPRL]软键,进入如图 4.40 所示的保持型继电器画面。K00~K15 为用户使用,机床厂家可根据机床的具体要求来设定,如机床是否使用第 4 轴控制、机床自动排削功能的选择等控制。K16~K19 为系统专用区,用户不能另作他用,如 K17.0 为系统梯形图显示选择(设定为 0 时,表示显示系统梯形图),K17.1 为系统内装编辑功能是否有效(设定为 1 时,表示有效)。FANUC—0iB/0iC 系统采用 SB7 类型 PMC 时,保持型继电器 K900 以上为系统专用区。

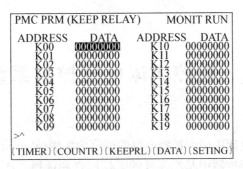

图 4.40　保持型继电器画面

5）数据表画面

按下图 4.36 中的［DATA］软键，进入数据表组控制画面，如图 4.41 所示。［G. DATA］为显示数据表组内数据的显示操作；［G. CONT］为数据表组设定操作；［NO. SRH］为数据表组的搜索操作；［INT］为数据表控制数据画面的初始化操作。

```
PMC DATA TBL CONTROL          MONIT RUN
       GROUP TABLE COUNT=1

NO. ADDRESS PARAMETER TYPE NO. OF DATA
001   00000    00000000    0      1860
002
003
004
005
006
007
008
>^

〔G.DATA〕〔G.CONT〕〔NO.SRH〕〔    〕〔INIT〕
```

图 4.41　数据表组控制画面

4.4.3　PMC 程序的启动与停止

在一般情况下，PMC 程序在通电后自动运行，而在某些情况下，如进行 PMC 程序更新时，就必须将 PMC 程序从运行（RUN）状态置于停止状态（STOP）。操作步骤如下：

（1）依次按下系统功能键【SYSTEM】→［PMC］软键→连续菜单［▷］软键。

（2）按下［STOP］软键，便可停止 PMC 运行，再按一次此软键，就可重新启动 PMC 运行。PMC 运行状态在画面右上角显示。在 PMC 程序停止时，机床的所有动作将会停止，PMC 程序不再接收输入信号，也不会输出信号去驱动各种装置的运行。

模块 5　数控机床电气控制系统的连接

本模块以数控机床中强电控制电路的连接为主线，共分为 4 个项目，第一个项目介绍数控机床电器控制中基本元件的工作原理和选择方法；第二个项目介绍电气原理图的分析方法和识图步骤；第三个项目介绍数控机床电气手册的使用方法、电气连接的注意事项；第四个项目介绍电气控制系统连接过程中的注意事项。通过本模块的学习，读者应能根据强电系统控制要求，进行元件的选择、电气原理图和接线图的绘制、线路的连接等基本操作。

项目 5.1　电气控制基本元件

【知识目标】

(1) 主要基本元件的作用及结构。

(2) 主要基本元件的工作原理。

(3) 主要基本元件的符号表示。

(4) 主要基本元件的技术参数。

【能力目标】

(1) 能选择控制要求，正确选择元件的型号。

(2) 能结合实训中心的机床，说出电气控制柜中各基本元件的名称。

【学习重点】

主要基本元件的选型。

数控机床电气控制主要基本元件有：低压断路器、接触器、继电器、熔断器、按钮、行程开关、组合开关、开关电源、变压器等。

1) 低压断路器

(1) 断路器的结构和工作原理。断路器主要由 3 个基本部分组成，即触头、灭弧系统和各种脱扣器。图 5.1 是低压断路器的工作原理示意图及图形符号。断路器合闸或分断操作是靠操作机构手动或电动进行的，合闸后自由脱钩机构将触头锁在合闸位置上，使触头闭合。当电路发生故障时，通过各自的脱扣器使自由脱扣

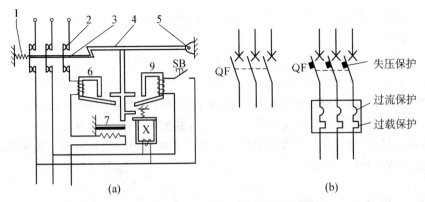

图 5.1 断路器工作原理示意图及图形符号

(a) 低压断路器的工作原理示意图;(b) 图形符号
1—分闸弹簧;2—主触头;3—传动杆;4—锁扣;5—轴;6—过电流脱口器;
7—热脱扣器;8—欠压失压脱扣器;9—分励脱扣器

机构动作,以实现保护作用的自动分断。

(2) 低压断路器的型号含义。低压断路器的型号含义如图 5.2 所示。

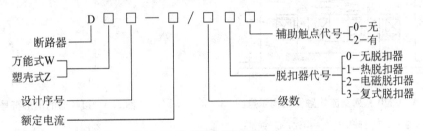

图 5.2 电压断路器的型号含义

低压断路器的主要技术参数:

① 额定电压。这是指断路器在长期工作时的允许电压。

② 额定电流。这是指断路器在长期工作时允许持续的电流。

③ 通断能力。这是指断路器在规定的电压、频率以及规定的线路参数下所能接通和分断的短路电流值。

④ 分断时间。这是指断路器切断故障电流所需的时间。

(3) 低压断路器的选择。

① 低压断路器的额定电流和额定电压应大于或等于线路与设备的正常工作电压和工作电流。

② 低压断路器的极限通断能力应大于或等于电路最大短路电流。

③ 欠电压脱扣器的额定电压等于线路的额定电压。

④ 过电流脱扣器的额定电流大于或等于线路的最大负载电流。

2）接触器

接触器是数控机床电气控制中重要的电器，它是利用电磁吸力和弹簧反力配合作用，实现触头闭合和断开，是一种电磁式的自动切换电器。接触器按其分断电流的种类分为直流接触器和交流接触器，数控机床中主要使用交流接触器。

（1）交流接触器的结构及工作原理。交流接触器主要由电磁机构、触点系统、灭弧装置和其他辅助部件 4 大部分组成。结构示意图如图 5.3 所示。接触器的图形、文字符号如图 5.4 所示。

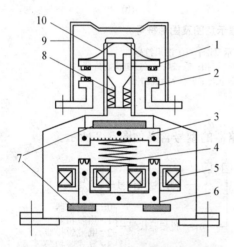

图 5.3　CJ20 系列交流接触器结构示意图

1—动触点；2—静触点；3—衔铁；4—弹簧；
5—线圈；6—铁心；7—垫毡；8—触点弹簧；
9—灭弧罩；10—触点压力弹簧

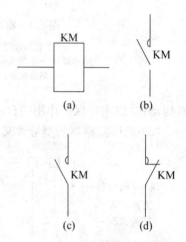

图 5.4　接触器的图形符号

（a）线圈；（b）主触点；
（c）常开辅助触点；（d）常闭辅助触点

交流接触器的工作原理是：当吸引线圈通电后，线圈电流在铁芯中产生磁通，该磁通对衔铁产生克服复位弹簧反力的电磁吸力，动铁芯被吸合从而带动触点动作。触点动作时，常闭触点先断开，常开触点后闭合。当吸引线圈断电或线圈中的电压值降低到某一数值时，铁芯中的磁通下降，电磁吸力减小，当减小到不足以克服复位弹簧的反力时，衔铁在复位弹簧的反力作用下复位，使主、辅触点的常开触点断开，常闭触点恢复闭合，这就是接触器的欠压、失压保护功能。

（2）主要技术参数。

① 额定电压。接触器铭牌上的额定电压是指主触头的额定电压，有 127 V、220 V、380 V、500 V 等。

② 额定电流。接触器铭牌上的额定电流是指主触头的额定电流，有 5 A、10 A、

20 A、40 A、60 A 等。

③ 吸引线圈的额定电压。交流有 36 V、110 V、127 V、220 V、380 V 等。

（3）接触器的选择。

① 接触器的类型选择。根据接触器所控制的负载性质，选择交流接触器或直流接触器。

② 额定电压选择。接触器的额定电压应大于或等于所控制线路的电压。

③ 额定电流。主触点的额定电流应大于电动机功率除以 1～1.4 倍电动机额定电压。如果接触器控制的电动机起停或反转频繁，一般将接触器主触点的额定电流降一级使用。

④ 吸引线圈额定电压选择。根据控制回路的电压选用。

⑤ 接触器触头数量、种类选择。触头数量和种类应满足主电路的控制线路的要求。

3）继电器

（1）继电器的结构。继电器是一种根据某种输入信号的变化，使执行元件接通和断开控制电路的自动控制电器，继电器种类很多，按输入信号可分为电压继电器、电流继电器、功率继电器、速度继电器、压力继电器、温度继电器等。按输出形式可分为有触点和无触点继电器。

在数控机床中常采用线圈电压为 +24 V 的中间继电器，起到对 PLC 输出控制信号进行中间转换控制的作用，也用于对触头数目和电流容量的中间放大，图 5.5 为中间继电器的结构示意图。

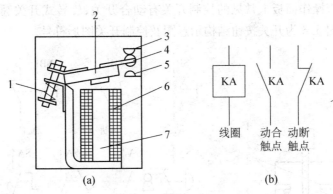

图 5.5　中间继电器

（a）结构示意图；（b）图形符号

1—弹簧；2—衔铁；3—动断触点；4—动触点；5—动合触点；6—线圈；7—铁芯

（2）继电器的选择。选用时主要依据继电器所保护或所控制对象对继电器提出的要求，如触点的数量、种类、控制电路的电压、电流、负载性质等。

（3）继电器与接触器的区别。继电器和接触器一样通过输入量变化控制触头的分断或闭合，从而控制电路通断。但是它们又有区别，主要表现在以下两个方面：

① 所控制的线路不同。继电器只用于控制电讯线路、仪表线路、自控装置等小电流电路及控制电路；接触器线圈和辅助触点用于控制回路，主触点用于控制电动机等大功率、大电流电路及主电路，所以接触器是连接主电路和控制回路的桥梁。

② 输入信号不同。继电器的输入信号可以是各种物理量，如电压、电流、时间、压力、速度等，而接触器的输入量只有电压。

③ 触点不同。接触器有接通大电流的主触点（3 对常开）与少量辅助触点（1～2 对常开、常闭）；继电器只有辅助触点（无主触点），触点数量通常较多（4～8 对常开或常闭）。

4）熔断器

（1）熔断器的结构。熔断器是根据电流超过规定值一定时间后，以其自身产生的热量使熔体熔化，从而使电路断开的原理制成的一种电流保护器，广泛应用于低压配电系统、控制系统及用电设备中。熔断器可分为螺旋式、有填料管式、无填料管式和有填料封闭管式等几种。

（2）熔断器的选择。熔断器额定电压应大于线路电压；熔断器额定电流应大于线路电流；熔断器的最大分断电流应大于被保护线路上的最大短路电流。

5）控制开关

数控机床操作面板上常见的控制开关有动合开关、旋转式开关、脚踏开关、急停开关等。图 5.6 为开关按钮结构示意图及控制开关图形符号。

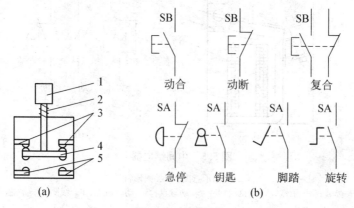

图 5.6　控制开关

（a）控制按钮结构示意图；（b）控制开关图形符号

1—按钮帽；2—复位弹簧；3—动断触点；4—动触点；5—动合触点

6) 行程开关

行程开关又称限位开关,它将机械定点位置转变为开关信号,以控制机械运动。行程开关按结构可分为直线式、滚动式和微动式,如图 5.7 所示。行程开关在机床上主要用于坐标轴的限位,执行液压缸、汽缸活塞的行程控制。

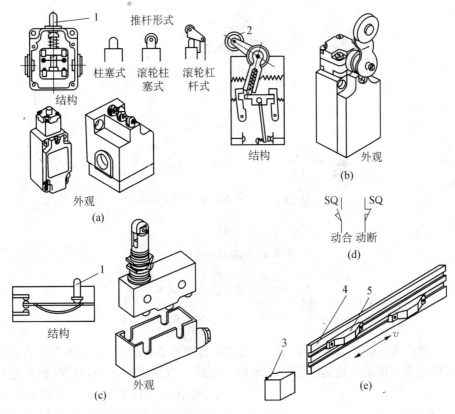

图 5.7　行程开关

(a) 直动式；(b) 滚动式；(c) 微动式；(d) 行程开关图形符号；(e) 撞块
1—推杆；2—滚轮；3—行程开关；4—槽板；5—撞块

7) 接近开关

这是一种在一定的距离(几毫米至十几毫米)内检测物体有无的传感器。它给出的是高电平或低电平的开关信号,有的还具有较大的负载能力,可直接驱动继电器工作。常用的接近开关有电感式、磁感式、光电式及霍尔式。

电感式接近开关内部大多由一个高频振荡器和一个整形放大器组成。振荡器振荡后,在开关的感应面上产生交变磁场,当金属物体接近感应面时,金属体产生涡流,吸收了振荡器的能量,使振荡减弱以致停振。振荡和停振两种不同的状态,由整形放大器转换成开关信号,从而达到检测位置目的。电感式接近开关常用于刀库、机械手及工作台的位置检测。图 5.8 为电感式接近开关外形图和位置检测示意图。

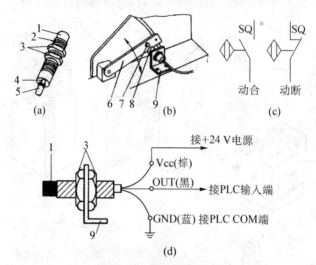

图 5.8　电感式接近开关

(a) 外形图;(b) 位置检测示意图;(c) 接近开关图形符号;
(d) NPN 开关型接近开关输出电路
1—检测头;2—螺纹;3—螺母;4—指示灯;5—信号输出及电源电缆;
6—运动部件;7—感应块;8—电感式接近开关;9—安装支架

磁感应式接近开关主要对汽缸内活塞位置进行非接触式检测,图 5.9 为磁感应式接近开关用于气缸活塞行程控制的示意图。气缸体采用非导磁的铝合金制成,磁感应式接近开关固定在缸体外部。当活塞移动到磁感应式接近开关部位时,固定在活塞上的永久磁铁(磁性环)产生的磁场使磁感应式接近开关振荡线圈中的电流发生变化,内部放大器将电流转化为输出开关信号,达到控制活塞行程的目的。

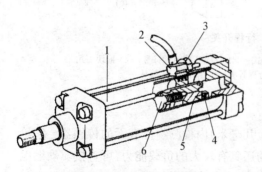

图 5.9　磁感应式接近开关

1—气缸;2—磁感应式接近开关;3—安装支架;
4—活塞;5—磁性环;6—活塞杆

8) 开关电源

开关电源用于将交流 220 V 电源转换为直流 24 V 电源,提供数控系统和直流继电器以及其他直流用电电源。

9）变压器

数控机床控制系统中的变压器有两种：一种是伺服变压器 AC380 V/AC200 V，为伺服放大器或驱动器提供 200 V 交流电源；另一种是控制变压器 AC380 V/AC220 V，提供控制系统中 220 V 交流电源，如开关电源的 220 V 交流电源，以及照明、风扇电源等。

项目 5.2　电气图的识图

【知识目标】
　　（1）电气原理图的分析方法。
　　（2）电气原理图的分析步骤。
　　（3）电气安装接线图的绘制及识图。
　　（4）电气接线的步骤。
【能力目标】
　　（1）能识图常见数控机床的电气原理图。
　　（2）能识图并绘制电气安装图。
　　（3）能进行电气接线。
【学习重点】
　　电气原理图的识读。

5.2.1　电气原理图

1）电气原理图分析方法和步骤

电气原理图是根据生产机械运动形式对电气控制系统的要求，采用国家统一规定的电气图形符号和文字符号，按照电气设备和电器的工作顺序，详细表示电路、设备或成套装置的全部基本组成和连接关系，而不考虑其实际位置的一种简图。电气原理图能充分表达电气设备和电器的用途、作用和工作原理，是电气线路安装、调试和维修的理论依据。电气原理图的分析一般分为主回路、控制回路和辅助回路 3 个部分。电气原理图的分析从主电路入手，分析电路的控制内容，再分析控制回路，根据主回路的控制要求，逐一找出控制电路中的控制环节，最后分析辅助电路。具体步骤如下：

（1）分析主回路。分析主回路时，一般从电机入手，即从主电路看控制元件的主触头和附加元件，根据其组合规律大致可知该电动机的工作情况，如是否有特殊的启动、控制要求,要不要正反转,是否要求调速等,这样分析控制电路时就可以有的放矢。

(2) 分析控制回路。在控制电路中,根据主回路的控制元件、主触头文字符号,逐一找出控制电路中的控制环节,按功能不同划分成若干个局部控制线路来分析。通常按照展开顺序表、结合元件表、元件动作位置表进行阅读。

(3) 分析辅助电路。辅助电路包括电源显示、工作状态显示、照明和故障报警等部分,它们大多是由控制电路中的元件来控制的,在分析时,还要回头来对照控制电路进行分析。

(4) 分析连锁和保护环节。机床对于安全性和可靠性有很高的要求,实现这些要求,除了合理选择元器件和控制方案外,在控制线路中还设置了一系列电气保护和必要的电气联锁。

(5) 总体检查。经过"化整为零",逐步分析每一个局部电路的工作原理以及各部分之间的控制关系之后,还必须用"集零为整"的方法,检查整个控制线路,看是否有遗漏。特别要从整体角度去进一步检查和理解各控制环节之间的联系,理解电路中每个元器件所起的作用、工作过程及主要参数。

2) 电气原理图的分析举例

数控机床对于安全性和可靠性有很高的要求,在控制线路中还设置了一系列的电气保护环节。经济型 CK6140 数控车床电气控制线路分析如下:

(1) 主回路分析。图 5.10 所示为 CK6140 数控车床电气控制中的 380 V 强电回路。图 5.10 中的 QF1 为电源总开关。QF2、QF3、QF4、QF5 分别为伺服强电、主轴强电、冷却电动机、刀架电动机的断路器,它们的作用是接通电源及在短路、过流时起保护作用,其中 QF4、QF5 带辅助触点,该触点输入到 PLC,作为 QF4、QF5 的状态信号,并且这两个断路器的保护电流可调,可根据电动机的额定电流来调节断路器的设定值,起到过流保护作用。TC1 为三相伺服变压器,将 AC380 变为 AC200 V,供给伺服电源模块。RC1、RC3、RC4 为阻容吸收,当相应的电路断开后,吸收伺服电源模块、冷却电动机、刀架电动机中的能量,避免产生过电压而损坏器件。KM3、KM1、KM6 分别为主轴电动机、伺服电动机、冷却电动机交流接触器,由它们的主触点控制相应电动机;KM4、KM5 为刀架正反转交流接触器,用于控制刀架的正反转。

(2) 电源回路。图 5.11 中,TC2 为控制变压器,初级为 AC380 V,次级为 AC110 V、AC220 V、AC24 V。其中,AC110 V 给交流接触器线圈和强电柜风扇提供电源;AC24 V 给电柜门指示灯和工作灯提供电源;AC220 通过低通滤波器滤波给伺服模块、电源模块、DC24 V 电源提供电源。VC1 为 24 V 电源,将 AC220 V 转换为 DC24 V 电源,供给数控系统、PLC 输入/输出、24 V 继电器线圈、伺服模块、电源模块、吊挂风扇提供电源。

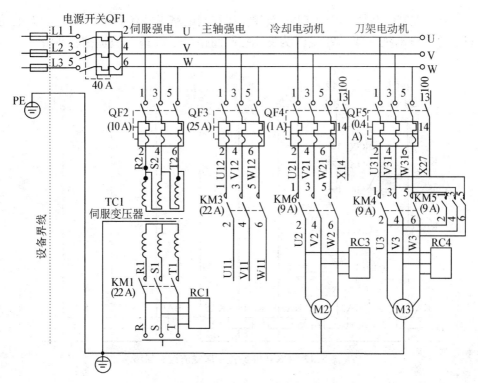

图 5.10　CK6140 数控车床强电回路

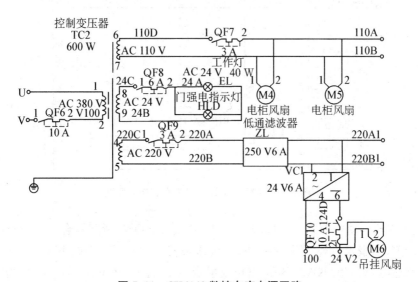

图 5.11　CK6140 数控车床电源回路

(3) 控制回路分析。CK6140 数控车床控制电路主要有主轴电动机、刀架电动机和冷却电动机 3 种。图 5.12 为交流控制回路。图 5.13 为直流控制回路。

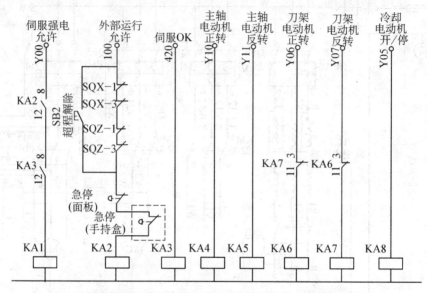

图 5.12　CK6140 数控车床交流控制回路

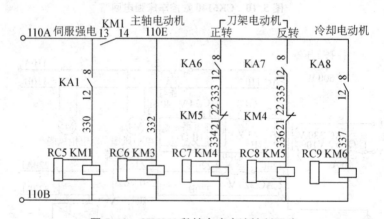

图 5.13　CK6140 数控车床直流控制回路

① 主轴电动机控制。先将图 5.10 中的 QF2、QF3 断路器合上,当机床未压限位开关、伺服未报警、急停未按下、主轴未报警时,图 5.12 中的 KA2、KA3 继电器线圈通电,对应的 KA2、KA3 继电器触点吸合,此时,PLC 输出点 Y00 发出伺服允许信号,KA1 继电器线圈通电,图 5.13 中的 KA1 继电器触点吸合,KM1 交流接

触器线圈通电,图 5.13 中的 KM1 交流接触器触点吸合,KM3 主轴交流接触器线圈通电,图 5.10 中 KM3 交流接触器主触点吸合,主轴变频器加上 AC380 V 电压。若有主轴正转或主轴反转及主轴转速指令时(手动或自动),在图 5.12 中,PLC 输出主轴正转 Y10 或主轴反转 Y11 有效,主轴转速指令输出对应于主轴转速的直流电压值(0~10 V)至主轴变频器上,主轴按指令值的转速正转或反转,当主轴速度到达指令值时,主轴变频器输出主轴速度到达信号给 PLC,主轴转动指令完成。主轴的启动时间、制动时间由主轴变频器内部参数设定。

② 刀架电动机的控制。当有手动换刀或自动换刀指令时,经过系统处理转变为刀位信号。这时,在图 5.12 中,PLC 输出 Y06 有效,KA6 继电器线圈通电,图 5.13 中继电器触点闭合。KM4 交流接触器线圈通电,图 5.10 中 KM4 交流接触器主触点吸合,刀架电动机正转。当 PLC 输入点检测到指令刀具所对应的刀位信号时,PLC 输出 Y06 有效撤销,刀架电动机正转停止。接着 PLC 输出 Y07 有效,KA7 继电器线圈通电,图 5.12 中 KA7 继电器触点闭合,KM5 交流接触器线圈通电,图 5.10 中 KM5 交流接触器主触点吸合,刀架电动机反转,延时一定时间后(该时间由参数设定),并根据现场情况作调整,PLC 输出 Y07 无效,KM5 交流接触器主触点断开,刀架电动机反转停止、换刀过程完成。为了防止电源短路和电气互锁,在刀架电动机正转继电器线圈、接触器线圈回路中串入了反转继电器、接触器常闭触点,反转继电器、接触器线圈回路中串入了正转继电器、接触器常闭触点。请注意,刀架转位选刀只能一个方向转动,若刀架电动机正转时执行换刀动作,则反转时,刀架则锁紧定位。

③ 冷却泵电动机控制。当有手动或自动冷却指令时,图 5.12 中的 PLC 输出 Y05 有效,KA8 继电器线圈通电,图 5.13 中 KA8 继电器触点闭合,KM6 交流接触器线圈通电,图 5.10 中 KM6 交流接触器主触点吸合,冷却电动机旋转,带动冷却泵工作。

5.2.2　电器安装接线图

1) 电气安装接线图的识图

接线图是根据电气设备和电器元件的实际位置和安装情况绘制的,只用来表示电气设备和电器元件的位置、配线方式和接线方式,而不明显表示电气动作原理,主要用于安装接线、线路的检查维修和故障处理。图 5.14(b)为图 5.14(a)的安装接线图。

2) 电气接线的基本步骤

电气接线的基本步骤为熟读电气原理图、绘制电气安装接线图、检查和调整电气元件、电气控制柜的安装配线、电气控制柜的安装检查和电气控制柜的调试。

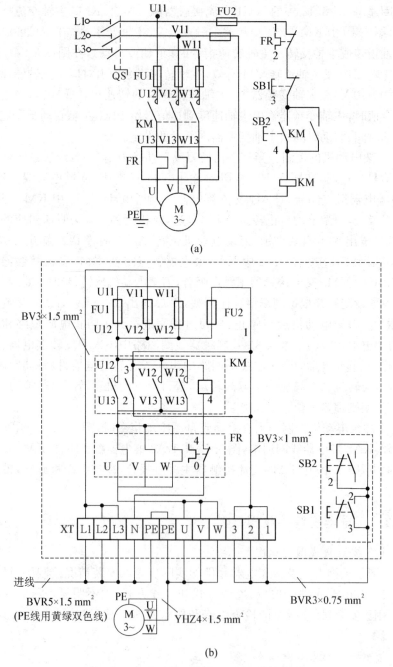

(a)

(b)

图 5.14 具有过载保护的自锁正转控制线路

（a）原理图；（b）接线图

（1）熟读电气原理图。电气原理图是根据控制线路工作原理绘制，具有结构简单、层次分明的特点，主要用于研究和分析电路工作原理。

（2）绘制电气安装接线图。电气安装接线图是根据电气设备和电器元件的实际位置和安装情况绘制的，只用来表示电气设备和电器元件的位置、配线方式和接线方式。主要用于安装接线、线路的检查维修和故障维修。

（3）检查和调整电气元件。对照电气元件一览表，配齐电气设备和电气元件，并逐渐进行检查。

（4）电气控制柜的安装配线。电气控制柜的制作步骤为：制作安装底板、选配导线、画安装尺寸线及走向线并弯电线管、安装电气元件、给电气元件和导线编号、接线等。

（5）电气控制柜的安装检查。安装完毕后，测试绝缘电阻并根据安装要求对电气线路、安装质量进行全面检查。

（6）电气控制柜的调试。电路经过检查无误后才可进行通电试车。通常按照空操作试车、空载试车和负载试车的顺序进行试车。

项目 5.3　电气图册的使用

【知识目标】
　　（1）电气手册的内容构成。
　　（2）电气手册的使用方法。
　　（3）典型控制回路查询的方法。
【能力目标】
　　（1）能识读电气图册。
　　（2）能根据电气图册，查找典型控制回路。
【学习重点】
　　电气图册的识读。

5.3.1　电气图册的识图

机床电气图册是了解数控机床电气控制系统的工作原理，维修维护数控机床电气系统的重要资料。

为了清楚而详细地说明数控机床电气系统，电气手册的编制采用了清楚的层次结构。电气手册一般由下面的内容构成：

1) 目录

目录的主要内容是:页码、图号、标题。

本书引用的电气手册的目录格式如表 5.1 所示。

表 5.1 电气手册目录

页码	图 号	标 题	备 注
21	EE—ECS—0A021	NC 电源单元控制连接	
22	EE—ECS—0A022	VMC850 控制模块,HV - 45S	
23	EE—ECS—0A023	控制模块,HV - 50S, 70S	
24	EE—ECS—0A024	+Z 轴刹车控制电路	
25	EE—ECS—0A025	VMC850 电机控制电路	
26	EE—ECS—0A026	HV - 40S, 50S 电机控制电路	
27	EE—ECS—0A027	HV - 70S, 80S 电机控制电路	
28	EE—ECS—0A028	HV - 100S 电机控制电路	
29	EE—ECS—0A029	HV - 100S 电机控制电路	
30	EE—ECS—0A030	伺服控制系统	
31	EE—ECS—0A031	伺服控制系统	
32	EE—ECS—0A032	HV - 100S 伺服控制系统	
33	EE—ECS—0A033	HV - 100S 伺服控制系统	
34	EE—ECS—0A034	HV - 100S 伺服控制系统	
35	EE—ECS—0A035	整体连接	
36	EE—ECS—0A036	控制单元	
37	EE—ECS—0A037	控制单元	
38	EE—ECS—0A038	控制单元	
39	EE—ECS—0A039	AC110 V 控制电路	
40	EE—ECS—0A040	AC110 V 电路(电磁控制)	

如果要查找某一个机型的某一个控制回路,可以先通过查找目录找到该回路所在的页码,然后再去查找所要的内容,这样做有事半功倍的效果。因此,当拿到一本电气手册时,首先要阅读它的目录,这是一种常规做法。

2) 线号表

线号表是为了说明电气手册上各种线缆的走向,以及各线缆在电气图中所处的位置而开列的一种表格。如果我们试图通过各种不同号码的线缆的走向和位置了解机床的电气控制系统的控制逻辑,以及通过一个线缆来查找某一个回路的故障时,就必须有这样一种表格来说明各线缆的位置。每一种电气手册都会有类似的线号表,表5.2为一种线号表。

表 5.2　线号表

线号	位置	线号	位置	线号	位置	线号	位置	线号	位置	线号	位置	线号	位置	线号	位置
L1	14/B1	L17A	22/A3	1	42/A2	31	24/C7	61	53/D3	91	49/A3	121	47/A6	151	39/A2
L2	14/B1	L27A	22/C3	2	42/C2	32	24/D8	62	51/B6	92	49/B3	122	59/E3	152	66/B2
L3	14/B1	L17B	24/B3	3	21/B3	33	41/A2	63	51/B8	93	45/A8	123	41/D3	153	54/F3
L1	15/B1	L27B	24/B3	4	21/B4	34	39/E3	64	41/C8	94	45/D3	124	59/B6	154	45/F3
L2	15/B1			5	21/A4	35	40/E7	65	41/D8	95	55/A4	125	59/C6	155	23/B8
L3	15/B1			6	21/B4	36	40/A3	66	54/B3	96	54/B4	126	59/D6	156	23/C8
L11	14/D1			7	22/C5	37	39/C7	67	52/D3	97	55/B4	127	59/D6	157	49/B3
L21	14/D1			8	22/C6	38	39/A7	68	52/B3	98	55/C4	128	60/D2	158	52/D8
L31	14/D1			9	22/C6	39	49/C3	69	51/B3	99	52/D8	129	59/A6	159	58/D2
L12	14/E6			10	22/A5	40	49/D3	70	57/C3	100	48/B3	130	59/B6	160	57/F3
L22	14/E6			11	22/A6	41	42/D7	71	57/D3	101	48/C3	131	59/E6	161	53/A3
L32	14/E6			12	22/B6	42	52/C7	72	54/C3	102	48/D3	132	60/A2	162	57/B3
L13	14/C7			13	41/A3	43	42/D3	73	54/C3	103	48/A7	133	60/B2	163	44/B3
L23	14/C7			14	60/C2	44	42/A7	74	54/D3	104	48/B7	134	60/B2	164	54/A3
L33	14/D7			15		45	42/C7	75	55/B3	105	48/B7	135	41/A3	165	53/B8
L14	14/E6			16		46	42/B7	76	46/C3	106	48/C7	136	39/C6	166	46/A8
L24	14/E6			17	24/E8	47	52/A8	77	46/D3	107	48/D7	137	41/C3	167	53/B8
L34	14/E6			18	24/E5	48	52/B8	78	46/D3	108	47/B3	138	41/C3	168	53/C8
L15	30/D3			19	44/B7	49	51/C8	79	46/B8	109	47/C3	139		169	51/A3
L25	30/D3			20	44/C7	50	51/D8	80	43/B4	110	45/C3	140		170	47/B3
L35	30/D3			21	40/D3	51	51/D8	81	43/C3	111	66/B2	141		171	48/C8
L16	30/D3			22	40/C3	52	42/C2	82	43/C8	112	59/D7	142	40/B3	172	59/D2
L26	30/D3			23	40/E3	53	52/C8	83	53/D3	113	55/C8	143	41/A1	173	45/A1
L36	30/D3			24	39/A3	54	49/B8	84	45/A3	114	56/C4	144	46/A8	174	45/B1
L17	14/C9			25	40/D7	55	53/A8	85	45/B3	115	53/E8	145	42/A2	175	44/A3
L27	14/C9			26	40/B7	56	52/C3	86	43/D1	116	59/B2	146	21/C8	176	41/B3
L37	14/D9			27	60/D2	57	51/C3	87	43/D6	117	59/B2	147	21/C8	177	45/C8
L18	20/C2			28	39/C3	58	51/D3	88	45/C3	118	59/C2	148	41/D3	178	71/A2
L28	20/C2			29	39/D3	59	52/B3	89	57/A3	119	59/D2	149	30/A2	179	53/B3
L38	20/D2			30	24/B7	60	53/C3	90	57/B3	120	51/B2	150	30/B2	180	53/D8

从线号表上所列可知,线号表把每一个线号所出现的所有位置都详细地列举出来,这样我们就可以通过线号查找具体的控制回路。这种方式在现场维修、维护数控机床时非常有用,因为在现场我们经常会看到线缆上标明了不同的号码。

3) 符号描述表

这一部分内容不一定是每一本电气手册都会有,因为有的厂家会认为用户的相关人员已经了解了所遵循的制图标准。但是很多厂家还是会将其列出来,这样会使电气手册的适用人员更为广泛。这一部分内容主要是说明该电气手册所使用的图形符号所要表达的元器件的类型。在阅读、使用电气手册时,要尽可能阅读这一节内容,以免因为参照的标准不一致而错误理解该手册所要表达的内容。表5.3 所示为一个符号描述表。

表 5.3　符号描述表

图形符号	名称	图形符号	名称	图形符号	名称	图形符号	名称	图形符号	名称	图形符号	名称
	常开触点		压力开关,动合触点		手动开关,动合触点		蜂鸣器		直流继电器		桥式整流电路
	常闭触点		压力开关,动断触点		手动开关,动断触点		二极管		光控开关		二极管
	脚踏开关,动合触点		限位开关,动合触点		脚踏开关,动合触点		发光二极管		定时器		二极管
	脚踏开关,动断触点		限位开关,动断触点		脚踏开关,动断触点		变压器		端子排		刹车
	按钮开关,动合触点		接近开关,动断触点		延时定时器,动断触点				灭弧器		熔断器
	按钮开关,动断触点		接近开关,动合触点		信号灯		线圈		灭弧器(3路)		电阻
	钥匙开关,动合触点		急停开关,动断触点		闪光型信号灯		电磁阀		线号		电容

我们可以看到,符号描述表对电路图中所要用到的图形符号均进行了说明。在符号表后所绘制的电路图,均是按照图上所描述的符号组成。

4) 电气柜布置图

数控机床电气系统的绝大部分元器件均是放置在机床的电气柜中。电气柜框图主要是用来描述每个器件在电气柜中的位置,以及电气柜和外界相连通的线缆的位置。图 5.15 为机床电气柜布置图。

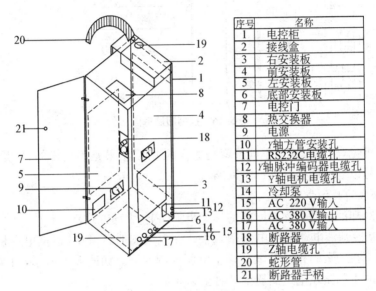

序号	名称
1	电控柜
2	接线盒
3	右安装板
4	前安装板
5	左安装板
6	底部安装板
7	电控门
8	热交换器
9	电源
10	Y轴方管安装孔
11	RS232C电缆孔
12	Y轴脉冲编码器电缆孔
13	Y轴电机电缆孔
14	冷却泵
15	AC 220 V输入
16	AC 380 V输出
17	AC 380 V输入
18	断路器
19	Z轴电缆孔
20	蛇形管
21	断路器手柄

图 5.15　机床电气柜布置图

5) 控制回路框图

控制回路框图如图 5.16 所示,用于描述整个数控机床控制系统控制流程和各部分之间的关系。

5.3.2　电气图册识读举例

下面以数控机床冷却液电动机的控制系统为例,通过查找过程和步骤的讲解,讲述机床电气图册的使用方法。

1) 数控机床冷却液电动机的控制方式

数控机床冷却液电动机的控制有两种方式:程序自动控制(用 M 指令)和手动控制(控制面板上的开关)。第一种方式是数控系统将辅助功能 M 指令送至 PLC (PMC),经过 PLC 的处理后送出控制信号。第二种方式是操作人员在机床操作面板上操作开关,开关的状态信号经过线缆输入到 PLC,经过 PLC 的处理后送出控

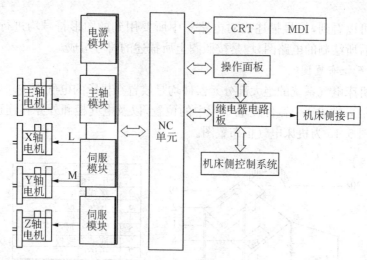

图 5.16 控制回路框图

制信号。可见,两种方式的不同处就是送入的 PLC 信号是不一样的,但是 PLC 输出控制信号以后的回路是同一个回路。

2)查找的具体步骤

查找冷却液电动机控制回路的具体步骤如下(手动方式):

(1)从冷却液电动机主电路图入手。在电气图册目录中,根据电动机主电源控制回路所在的页码查找到电动机主电源控制回路。如图 5.4 所示,目录表明电动机控制的主回路在电气图册第 2 页至第 3 页。

表 5.4 电气图纸目录

序号	图纸名称	代号	页次	序号	图纸名称	代号	页次
1	文件索引图	=A0	1	10	PLC 输入信号(4)	=L6	10
2	电气主电路图(1)	=D1	2	11	PLC 输出信号(1)	=L7	11
3	电气主电路图(2)	=D2	3	12	PLC 输出信号(2)	=L8	12
4	控制回路电源图	=C	4	13	伺服连接原理图	=L9	13
5	交流控制回路	=L1	5	14	主轴连接原理图	=L10	14
6	直流控制回路	=L2	6	15	电器安装示意图	=A1	15
7	PLC 输入信号(1)	=L3	7	16	电缆连接图	=B1	16
8	PLC 输入信号(2)	=L4	8	17	电气箱接线图	=B2	17
9	PLC 输入信号(3)	=L5	9	18	面板接线图	=B3	18

（续表）

序号	图纸名称	代号	页次	序号	图纸名称	代号	页次
19	电缆线号表	=X1	19	23	电缆焊接表	=X4	23
20	电缆线号表	=X1-1	20	24	电缆焊接表	=X5	24
21	电缆焊接表	=X2	21	25	电缆焊接表	=X6	25
22	电缆焊接表	=X3	22				

（2）根据冷却液电动机主回路，查找其控制回路。在电动机控制回路中，有很多个电动机的控制回路图放置在一起，可以通过文字描述和编号查找到冷却液电动机控制回路。如图 5.17 所示，冷却液电动机的主电路位于图区 B5～C5。

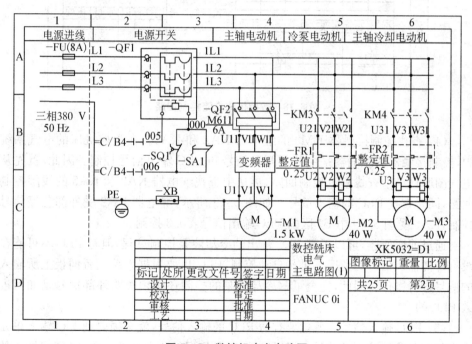

图 5.17　数控机床主电路图

（3）查找控制冷却液电动机的接触器。在冷却液电动机控制回路中，我们可以看到控制冷却液电动机的接触器是 KM3。接下来就是查找到 KM3 线圈控制回路。在该机床中，接触器线圈控制是在 110 V 的交流控制回路中（有的厂家的接触器直接受 24 V 控制回路的控制），如图 5.18 所示，从图中可知 KM3 受继电器 KA2 和 KA5 控制。

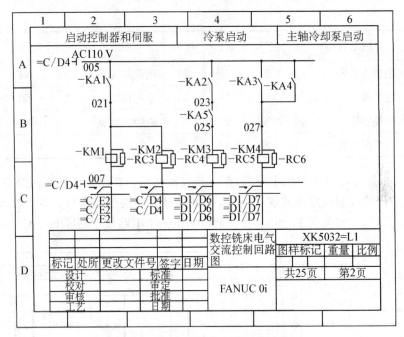

图 5.18 数控机床交流控制回路

(4) 查找控制接触器 KM3 的继电器 KA2 和 KA5。在数控机床的电气系统中,控制接触器的继电器是由外部开关信号和 PLC 输出信号控制。因此,首先从电气图册目录中查找直流控制回路,再从中查找继电器 KA2 和 KA5 的线圈控制回路,同时查找 PLC 的输出信号。如图 5.19 所示,继电器 KA2 受外部急停信号控制,KA5 受图 5.20 中 B4 区的 PLC 输出信号 Y0.3 控制。

通过前面所述,可以了解 PLC 输出的冷却液泵控制过程,但是 PLC 不可能在没有外部输入信号的情况下进行自动控制,PLC 也要根据系统或者面板上所输入的信号进行操作。因此,完全了解冷却液泵的控制还必须查明外部信号是如何进入 PLC 的。

(5) PLC 输入信号。既然要查清 PLC 的输入信号,就必须要到 I/O 输入单元去查找控制冷却液泵的信号。根据目录,查出 PLC 输入单元的页码,在 PLC 输入的单元电路里查找控制冷却液泵的输入信号。如图 5.21 所示,图中清楚标明了冷却液开的输入信号是 X3.6,冷却液关的输入信号是 X3.7,并且图中还列出了控制冷却液启动和停止的开关分别是 SB15 和 SB16。接下来,我们就要查找 SB15 的位置。

(6) 查找控制冷却泵的开关 SB15 和 SB16。控制冷却液开启和关闭的开关,应该是在操作面板上的开关。在图册目录中查到面板接线图页码,然后在机床操作面板接线图中即可查至 SB15 和 SB16。

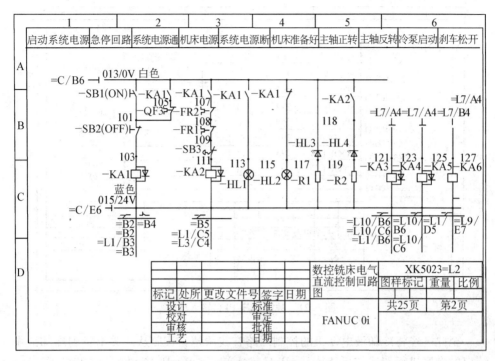

图 5.19　数控机床直流控制回路

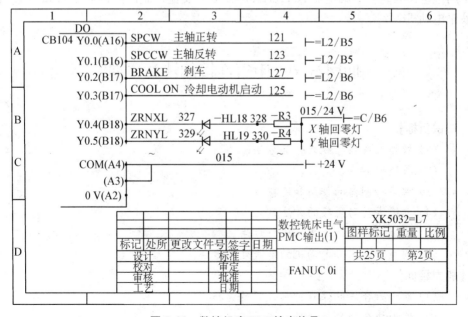

图 5.20　数控机床 PLC 输出信号

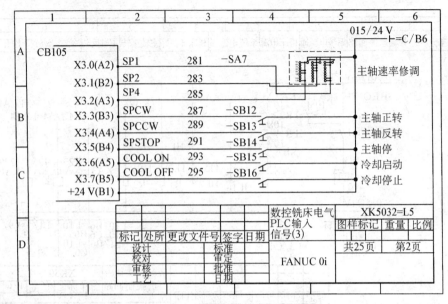

图 5.21   数控机床 PLC 输入信号

至此已经将冷却液电动机的控制回路查找清楚。按照从开关出发到冷却液泵结束的顺序进行叙述如下:SB15→PLC 输入端 X3.6→PLC→PLC 输出端 Y0.3→中间继电器安装板→继电器 KA2、KA5→110 V 交流控制回路接触器 KM3→冷却液泵电动机 M2。

项目 5.4   电气连接的注意事项

【知识目标】

(1) 数控系统信号线的分类方法。

(2) 接地的方法。

(3) 噪声抑制器的作用和连接方法。

(4) 电缆卡紧与屏蔽的方法。

(5) 浪涌吸收器的选用和连接方法。

(6) 伺服放大器和电动机的地线处理方法。

【能力目标】

(1) 能进行合理的噪声抑制并正确连接。

(2) 能选择合理的浪涌吸收器并正确连接。

（3）能根据数控机床电气接线的要求合理接线。

【学习重点】

电气连接中电缆的屏蔽方法。

5.4.1 数控系统的信号线的分类

由于 FANUC 系统与外设之间的电缆连接使用了更多的串行通信结构,因此数控系统干扰的抑制就更为重要,如果电气安装处理不好,经常会发生数控系统和电动机反馈的异常报警,在机床电气完成装配后,处理这类问题就非常困难,为了避免数控系统中此类故障的发生,在数控机床的电气装配时,必须全面考虑系统的布线、屏蔽和接地问题。

在 FANUC 各系统的连接说明书中,对数控系统所使用的电缆进行了分类,即 A、B、C 三类。

A 类电缆是导通交流、直流动力电源的电缆,电压一般为 220 V/380 V/110 V 的强电、接触器信号和电动机的动力电缆,此类电缆会对外界产生较强的电磁干扰,特别是电动机的动力线对外界的干扰很大,因此,A 类电缆是数控系统中较强的干扰源。

B 类电缆是导通继电器的以 24 V 电压信号为主的开关信号,这种信号因为电压较 A 类信号低,电流也较小,一般比 A 类信号产生的干扰小。

C 类电缆电源工作电压为 5 V,主要信号有显示电缆、I/O Link 电缆、手轮电缆、主轴编码器电缆和伺服电动机的反馈电缆,因为此类信号在 5 V 逻辑电平下工作,并且工作频率较高,极易受到干扰,所以在机床布线时要特别注意采取相应的屏蔽措施。

对于强电柜引出的各种电缆,要根据不同种类进行合理的走线。应该尽量避免将 3 种电缆混装于一个导线管内,如特别有困难,最好将 A 类电缆通过屏蔽板与 B 类电缆隔开,如图 5.22 所示。

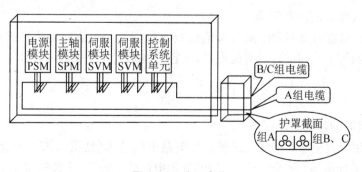

图 5.22 分开走线

5.4.2　接地

数控机床地线的总体连接如图 5.23 所示。一台机床的总地线应该由接地板分别连接到机床床身、强电柜和操作面板 3 个部分上。控制系统单元、电源模块 PSM、主轴模块 SPM、伺服模块 SVM 的接地端子,应该通过地线分别连接到设在强电柜中的地线板上,并与接地板相连。连接到操作面板的信号电缆都必须通过电缆卡子将 C 类电缆中的屏蔽线固定在电缆卡子支架上,屏蔽才能产生效果。

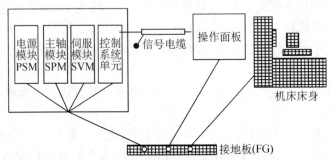

图 5.23　数控机床地线的总体连接图

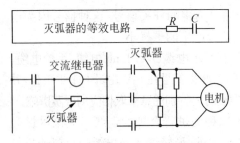

图 5.24　灭弧器在电路中的连接

5.4.3　噪声抑制器

强电柜中要用到线圈和继电器,当这些设备接通/断开时,会由于线圈自感产生很高的脉冲电压并对电子线路产生干扰,为此,在机床电路中必须安装噪声抑制器。对于交流电路需要选择由电阻和电容组成的灭弧装置,直流回路需选用续流二极管,如图 5.24 所示。

选择灭弧器的注意事项:

(1) 灭弧器的电容和电阻参考值由线圈的直流电阻值和电流来决定,其电阻 R 的取值约等于线圈的等效直流电阻,电容 C 的取值按公式(5-1)计算:

$$C = \frac{I^2}{10} \sim \frac{I^2}{20}(\mu F) \tag{5-1}$$

式中,I:线圈的静态直流(A)

(2) 用于直流电路的续流二极管在电路中的连接(见图 5.25),要选用耐压值为 2 倍的外加电压、耐压电流为 2 倍的外加电流的二极管,连接时需注意二极管的

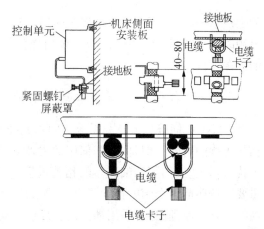

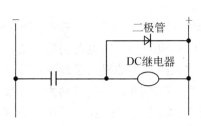

图 5.25　续流二极管的连接

图 5.26　电缆卡紧图

正负极,不能接反。

5.4.4　电缆卡紧与屏蔽

为了保证数控系统操作的稳定性,需要进行屏蔽的电缆必须卡紧。先将电缆外层剥掉一块露出屏蔽层,再用电缆卡子夹紧此处,最后将它卡在地线板上,安装方法如图 5.26 所示。

5.4.5　浪涌吸收器的使用

为了能够防止来自电网的干扰,对异常输入(如闪电)起到保护作用,系统对电源的输入应该设有保护措施。一般情况下,使用 FANUC 系统时要订购浪涌吸收器。浪涌吸收器包括两件:其中一个为相间保护;而另一个为线间保护。具体的连接方法如图 5.27 所示。从图 5.27 可以看出,浪涌吸收器除了能够吸收输入交流

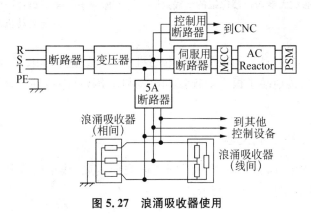

图 5.27　浪涌吸收器使用

的噪声信号以外,还可以起到保护作用,当输入的电网电源超出浪涌吸收器的嵌位电源时,会产生较大的电流,该电流可以使 5 A 短路器跳开,输送到其他控制设备的电源即被切断。

5.4.6　伺服放大器和电动机的地线处理

FANUC 伺服放大器与系统之间用光纤 FSSB 连接,大大减少了系统与伺服间信号干扰的可能。但是,由于伺服放大器和伺服电动机间的反馈电缆仍然会受到干扰,极易造成伺服和编码器的相关报警,所以,放大器和电动机的接地处理非常重要。按照前面介绍的接地要求,伺服的接地处理可参考图 5.28。从动力线和反馈线分开的原理出发,采用动力线和反馈线两个接地端子板。目前,FANUC 系统所提供的动力线也采用了屏蔽电缆,所以可以进行动力线屏蔽。电动机的接地线要连至接地端子板 1,接地线直径要大于 1.5 mm²。

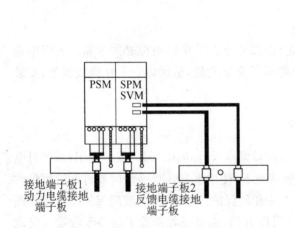

图 5.28　伺服放大器与反馈电缆的地线处理

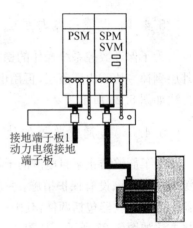

图 5.29　电源模块、主轴模块和伺服模块与电动机的地线连接

电源模块、主轴模块、伺服模块与电动机间的地线连接如图 5.29 所示。电动机的接地线需从接地端子板 1 上连接到电动机一侧,接地线铜芯截面积通常应大于 1.2 mm²。

5.4.7　导线捆扎处理

在配线过程中,通常将各类导线捆扎成圆形线束,线束的线扣节距应力求均匀,导线线束的规定如表 5.5 所示。

表 5.5　导线线束的规定

项目	线束直径/mm			
	>5~10	>10~20	>20~30	>30~40
捆扎带长度/mm	50	80	120	80
线扣节距/mm	50~100	100~150	150~200	200~300

　　线束内的导线超过 30 根时,允许加一根备用导线并在其两端进行标记,标记采用回插的方式防止脱落。线束在跨越活动门时,其导线数不应超过 30 根,超过 30 根时,应再分离出一束线束。

　　随着机床设备的智能化,遥感、遥测等技术越来越多地在机床设备中被使用,绝缘导线的电磁兼容问题越来越突出。目前,电气回路配线已经不局限在一般的绝缘导线,屏蔽导线也开始被广泛采用。因此,在配线时应注意:不要将大电流的电源线与低频的信号线捆扎成一束;没有屏蔽措施的高频信号线不要与其他导线捆在一起;高电平信号线与低电平信号线不能捆扎在一起,也不能与其他导线捆扎在一起;高电平信号输入线与输出线不要捆扎在一起;直流主电路线不要与低电平信号线捆扎在一起;主回路线不要与信号屏蔽线捆扎在一起。

西 门 子 篇

模块6　数控系统的组成与连接

本模块共分为三个项目，分别以西门子 802S、802C、802D 数控系统为代表，介绍数控系统的组成、功能部件的结构和接口定义、系统的连接步骤和方法。通过本模块的学习，读者应能根据数控系统的连接框图，参照《安装调试手册》，正确进行系统的连接。

项目 6.1　802S 数控系统的组成与连接

【知识目标】

(1) 数控系统的总体连接。

(2) 数控装置的接口定义。

(3) 步进驱动器的特点。

(4) 步进驱动器的结构。

(5) 步进驱动器的连接电缆。

(6) 步进驱动器的连接。

【能力目标】

(1) 能理解功能部件的接口作用。

(2) 能进行步进驱动系统的连接。

(3) 能根据系统连接框图，正确进行数控系统的连接。

【学习重点】

步进驱动系统的连接。

6.1.1　802S 数控系统的组成

SINUMERIK 802S 系列数控系统包括 802S、802Se、802S Baseline 等型号，它是西门子公司 20 世纪 90 年代末专为简易数控机床开发的集 CNC、PLC 于一体的经济型控制系统。

802S 采用独立操作面板 OP020 与机床控制面板 MCP，显示器 5.7 英寸单色液晶显示,PLC 的 I/O 模块与 ECU 间通过总线连接。

802Se 系统将 CNC、PLC、HMI、I/O 高度集成于一体,与 802S 相比,系统更加紧凑,大大减少了各部件的连接,操作面板、机床控制面板不再需要与 CNC 连接。

802S Baseline 是在 802Se 的基础上开发的产品,与 802Se 相比最大的不同是有 48 个数字输入和 16 个数字输出接线端子,其余连接与 802Se 大致相同。本项目将以 802S 型号为代表进行讲解。

1) 802S 数控系统的总体连接框图

802S 数控系统采用 32 位微处理器(AM486DE2)、分离式操作面板(OP020)和机床控制面板(MCP),可控制 2~3 个步进电动进给轴和一个伺服主轴(或者变频器)。PLC 模块带有 16 点数字输入和 16 点数字输出,输入/输出模块通过总线插头直接连接到 ECU 模块上,输入/输出点数可根据需要增加 I/O 模块,可扩展至 64 点输入和 64 点输出。802S 常与该公司的 STEPDRIVE C/C+ 步进驱动配套,步进电机的控制信号为脉冲信号、方向信号和使能信号,步距角通常为 0.36°,图 6.1 所示为 SINUMERIK 802S 数控系统的总体连接框图。

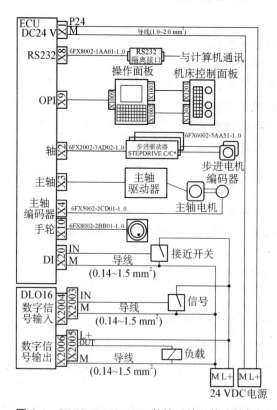

图 6.1 SINUMERIK 802S 数控系统总体连接框图

2) 802S 数控装置的接口定义

802S 数控装置包含了 ECU 和 PLC 两部分,其接口布置如图 6.2 所示。

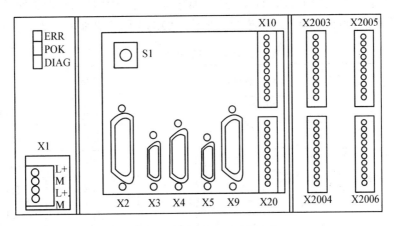

图 6.2　数控装置接口布置图

(1) ECU 模块。

① X1:连接 DC24 V 电源,L+为 DC24 V,M 为接地。

② X2:驱动接口(AXIS),最多可连接 3 个步进驱动器,信号包括正、反向进给脉冲(+PULS、−PULS),正、反转方向脉冲(+DIR、−DIR),使能信号(+ENA、−ENA)。

③ X3:主轴驱动接口(SPINDLE),主轴模拟量信号输出有 0~10 V 和 −10~10 V 两种形式,前者只控制主轴电动机的转速,转向由 PLC 信号给出;后者既有转速控制又有转向控制。9 芯 D 型插座(针)的引脚定义如表 6.1 所示。

表 6.1　X3 主轴驱动接口引脚定义

脚号	信号	说明	脚号	信号	说明
1	SW	+/−10VDC	6	BS	参考地
2			7		
3			8		
4			9	RF1	使能 1.2
5	RF2	使能 1.1			

主轴使能(V38030002.1＝1)后,内部使能继电器触点闭合,即使能1.1和使能1.2导通,可以作为主轴变频器的使能控制。

④ X4:编码器接口(ENCD),连接主轴增量式光电编码器的"六脉冲"输出,用于螺纹车削或刚性攻螺纹。15芯D型插座(孔)的引脚定义如表6.2所示。

表6.2 X4编码器接口引脚定义

脚号	信号	说明	脚号	信号	说明
1			9	GND	地
2			10	Z+	零脉冲＋
3			11	Z−	零脉冲−
4	P5V	＋5VDC	12	B−	B相−
5			13	B+	B相＋
6	P5V	＋5VDC	14	A−	A相−
7	GND	地	15	A+	A相＋
8					

⑤ X8:RS232通讯接口,与外设计算机连接,传送机床数据、PLC程序和零件加工程序等。X2接口为9芯D型插头(孔),PC分为9针和25针两种类型,与系统的接线如图6.3所示。

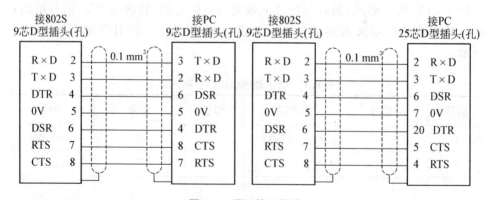

图6.3 通讯接口接线

9芯D型插头引脚定义如表6.3所示。

表 6.3 9 芯 D 型插头引脚定义

引脚号	信号名	说明
1	—	—
2	RXD	数据接受
3	TXD	数据发送
4	DTR	备用输出
5	M	接地
6	DSR	备用输入
7	RST	发送请求
8	CTS	发送使能
9	—	—

⑥ X9：系统操作面板接口(OPI)，与系统操作面板接口连接，通过手动数据输入，将机床数据、PLC 程序和零件加工程序等输入到控制器中，系统操作面板还可与机床操作面板连接，进行工作方式选择、主轴倍率、进给倍率等方面的操作。

⑦ X10：手轮接口(MPG)，连接手轮手摇脉冲发生器的二路差动脉冲信号。引脚定义如表 6.4 所示。

表 6.4 X10 手轮接口引脚定义

脚号	信号	说明	脚号	信号	说明
1	A1+	手轮 1 A 相+	6	GND	GND
2	A1−	手轮 1 A 相−	7	A2+	手轮 2 A 相+
3	B1+	手轮 1 B 相+	8	A2−	手轮 2 A 相−
4	B1−	手轮 1 B 相+	9	B2+	手轮 2 B 相+
5	P5V	+5VDC	10	B2−	手轮 2 B 相−

⑧ X20：高速输入接口(仅用于 802S/802Se/802 Baseline)，各引脚的含义如表 6.5 所示。

表 6.5 X20 高速输入接口引脚定义

脚号	信号	说明	脚号	信号	说明
1	RDY1	使能 2.1	3	H1_1	X 轴参考点脉冲
2	RDY2	使能 2.2	4	H1_2	Y 轴参考点脉冲

（续表）

脚号	信号	说明	脚号	信号	说明
5	H1_3	Z轴参考点脉冲	8	H1_6	
6	H1_4		9	M	
7	H1_5		10	M	24 V信号地

　　X20接口的参考点脉冲信号通常由接近开关（PNP型）提供,有效电平为24VDC；NC使能后,内部使能继电器触点闭合,即使能2.1和2.2导通。

　　⑨ ECU报警。发光二极管ERR(红色)、POK(绿色)、DIAG(黄色)分别表示ECU故障、电源及诊断状态。

　　⑩ S1：调试开关,1～4位置,表示运行状态和不同的调试状态。

　　(2) PLC模块。

　　① X2003和X2004：PLC输入接口接线端子X2003（I0.0-I0.7）、X2004（I1.0-I1.7）,共16个输入接口,可扩展为64点,接受机床侧如形成开关、接近开关等信号的输入,输入引脚定义如表6.6所示。

表 6.6　PLC输入引脚定义

脚号	信号	说明	脚号	信号	说明
1	—	—	6	IN_4	输入信号位4
2	IN_0	输入信号位0	7	IN_5	输入信号位5
3	IN_1	输入信号位1	8	IN_6	输入信号位6
4	IN_2	输入信号位2	9	IN_7	输入信号位7
5	IN_3	输入信号位3	10	M	24 V地

注意：高电平：15到30VDC,耗电流：2～15 mA；低电平—3～5VDC。

　　② X2005和X2006：PLC输出接口接线端子X2005（Q0.0-Q0.7）、X2006（Q1.0-Q1.7）,共16个输出接口,可扩展为64点,将PLC运行后的结果输出到继电器线圈上,经后续的控制电路控制接触器、电磁阀等执行元件,实现主轴的正反转控制、刀架换刀控制、冷却控制及润滑控制等,输出引脚定义如表6.7所示。

表 6.7　PLC输出引脚定义

脚号	信号	说明	脚号	信号	说明
1	L+	直流 24 V	3	OUT_1	输出信号位1
2	OUT_0	输出信号位0	4	OUT_2	输出信号位2

（续表）

脚号	信号	说明	脚号	信号	说明
5	OUT_3	输出信号位 3	8	OUT_6	输出信号位 6
6	OUT_4	输出信号位 4	9	OUT_7	输出信号位 7
7	OUT_5	输出信号位 5	10	M	24 V 地

③ 802S I/O 模块：输入/输出模块接线原理如图 6.4 所示。

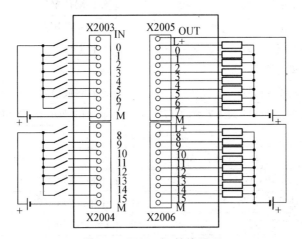

图 6.4　802S I/O 接线原理

④ 数控系统内装 PLC 应用程序：数控系统内装 PLC 应用程序包括主程序 SAMPLE，子程序 COOLING（冷却）、LUBRICAT（润滑）、LOCK_UNL（卡盘放松）、SPINDLE（主轴）、GEAR_CHG（模拟主轴换挡控制）、TURRET1（刀架控制）等子程序。内装 PLC 程序默认的输入/输出的定义以及逻辑定义如表 6.8 所示。

表 6.8　输入/输出定义

输入信号说明		
信号名	用于车床：X2003	用于铣床：X2003
I0.0	硬件限位 $X+$	硬件限位 $X+$
I0.1	硬件限位 $Z+$	硬件限位 $Z+$
I0.2	X 参考点开关	X 参考点开关
I0.3	Z 参考点开关	Z 参考点开关
I0.4	硬件限位 $X-$	硬件限位 $X-$

（续表）

I0.5	硬件限位 $Z-$	硬件限位 $Z-$
I0.6	过载（611 馈入模块的 T52）	过载（611 馈入模块的 T52）
I0.7	急停按钮	急停按钮
信号名	用于车床：X2004	用于铣床：X2004
I1.0	刀架信号 T1	主轴低档到位信号
I1.1	刀架信号 T2	主轴高档到位信号
I1.2	刀架信号 T3	硬件限位 $Y+$
I1.3	刀架信号 T4	Y 参考点开关
I1.4	刀架信号 T5	硬件限位 $Y-$
I1.5	刀架信号 T6	无定义
I1.6	超程释放信号	超程释放信号
I1.7	就绪信号（611 馈入模块的 T72）	就绪信号（611 馈入模块的 T72）

输出信号说明

信号名	用于车床：X2005	用于铣床：X2005
Q0.0	主轴正转 CW	主轴正转 CW
Q0.1	主轴反转 CCW	主轴反转 CCW
Q0.2	冷却控制输出	冷却控制输出
Q0.3	润滑输出	润滑输出
Q0.4	刀架正转 CW	刀架正转 CW
Q0.5	刀架反转 CCW	刀架反转 CCW
Q0.6	卡盘卡紧	卡盘卡紧
Q0.7	卡盘放松	卡盘放松
信号名	用于车床：X2006	用于铣床：X2006
Q1.0	无定义	主轴低档输出
Q1.1	无定义	主轴高档输出
Q1.2	无定义	无定义
Q1.3	电机抱闸释放	电机抱闸释放
Q1.4	主轴制动	主轴制动
Q1.5	馈入模块端子 T48	馈入模块端子 T48
Q1.6	馈入模块端子 T63	馈入模块端子 T63
Q1.7	馈入模块端子 T64	馈入模块端子 T64

6.1.2 STEPDRIVE C/C+步进驱动器的连接

1) 步进驱动器的特点

STEPDRIVE C/C+步进驱动是 SIEMENS 公司为配套经济型数控车床、铣床等产品而开发的开环步进驱动器。在硬件上 STEPDRIVE C/C+系列驱动采用了独立布置的模块化结构,驱动器的电源、控制、功率放大集成于一体。

STEPDRIVE C/C+步进驱动器实质上是一种对输入脉冲进行功率放大的放大器,工作原理与普通步进电机驱动器无本质区别。驱动器内部由电源、控制与功率放大三部分组成,电源部分主要用来产生驱动器内部所需要的各种控制电压和与步进电机驱动用的 DC120 V 电压;控制部分主要用来实现步进电机的五相十拍环形分配控制、恒流斩波控制、过电流保护等;功率放大部分的主要作用是对控制信号进行放大,转换为步进电机控制用的高压、大电流信号,以驱动步进电机。

STEPDRIVE C 与 STEPDRIVE C+步进驱动器的区别主要在输出功率上,前者最大输出的电流为 2.55 A,适用于额定输出转矩 3.5~12 Nm 的五相十拍步进电机(90 或 110 系列步进电机);后者最大输出相电流为 5 A,适用于额定输出转矩 18~25 Nm 的五相十拍步进电机(130 系列步进电机)。

配备 STEPDRIVE C 步进驱动器系列的 BYG 系列步进电机有:

额定输出转矩 3.5 Nm 的 90 或 110 系列步进电机,SIEMEMS 订货号为 6FC5548‐0AB03;

额定输出转矩 6 Nm 的 90 或 110 系列步进电机,SIEMEMS 订货号为 6FC5548‐0AB06;

额定输出转矩 9 Nm 的 90 或 110 系列步进电机,SIEMEMS 订货号为 6FC5548‐0AB08;

额定输出转矩 12 Nm 的 90 或 110 系列步进电机,SIEMEMS 订货号为 6FC5548‐0AB012;

配备 STEPDRIVE C+步进驱动器的电机有:

额定输出转矩 18 Nm 的 130 系列步进电机,SIEMEMS 订货号为 6FC5548‐0AB18;

额定输出转矩 25 Nm 的 130 系列步进电机,SIEMEMS 订货号为 6FC5548‐0AB25。

以上电机的额定电压为 120 V,步距角为 0.36°/0.72°,五相十拍工作时相当于电机每转 1 000 步,电机允许的最高启动频率为 2.5~3 kHz,最高空转运行频率大于 25 kHz,但运行频率在 4 kHz 时转矩明显下降,在使用、维修时应特别注意机械负载与运动阻力的情况,防止失步。

2) 步进驱动器的结构

STEPDRIVE C/C＋步进驱动器的外形如图 6.5 所示。

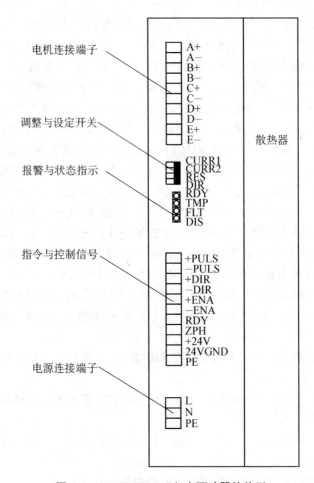

图 6.5　STEPDRIVE C/C＋驱动器的外形

（1）调整开关。STEPDR1VE C/C＋系列驱动器在正面设有 4 只调整开关（见图 6.6），调整开关 CURR.1/CURR.2:用于驱动器输出相电流的设定，通过设定，使得驱动器与各种规格的电机相匹配。方向开关:用于改变电机的转向，当电机转向与要求不一致时，只需要将此开关在 ON 与 OFF 间进行转换，即可以改变电机的旋转方向，方向开关的调整，必须在切断驱动器电源的前提下进行。

（2）状态指示灯。STEPDRIVE C/C＋系列驱动器在正面设有 4 只状态指示灯（发光二极管），指示灯安装位置如图 6.6 所示，各指示灯的含义如表 6.9 所示。

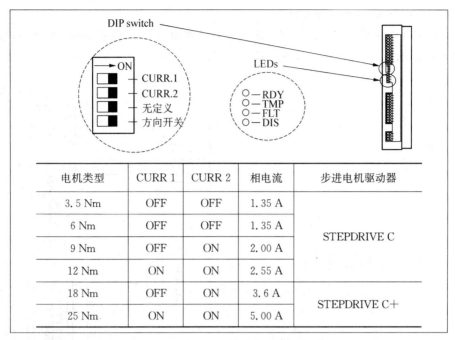

图 6.6　开关位置与输出电流的对应关系

电机类型	CURR 1	CURR 2	相电流	步进电机驱动器
3.5 Nm	OFF	OFF	1.35 A	
6 Nm	OFF	OFF	1.35 A	
9 Nm	OFF	ON	2.00 A	STEPDRIVE C
12 Nm	ON	ON	2.55 A	
18 Nm	OFF	ON	3.6 A	STEPDRIVE C+
25 Nm	ON	ON	5.00 A	

表 6.9　STEPDRIVE C/C+发光二极管的报警说明

符号	颜色	亮时的含义	措　施
RDY	绿	驱动就绪	—
DIS	黄	驱动正常,但电机无电流	NC 输出使能信号
FLT	红	电压过高或过低,或电机相间短路,或电机相与地短路	测量 85VAC 工作电压,检测电缆连接
TMP	红	驱动超温	与供应商联系

（3）驱动器的工作过程。

驱动器的正常工作过程如下：

① 接通驱动器的输入电源,驱动器指示灯 DIS 亮,驱动等待"使能"信号输入。

② CNC 输出"使能"信号,驱动器指示灯 DIS 灭,RDY 亮,步进电机通电,并且产生保持力矩。

③ 驱动器接收来自 CNC 的指令脉冲,按照要求旋转。

④ 当驱动器出现故障时,报警指示灯 FLT 或 TMP 亮。

⑤ 当电机转向不正确时,应切断驱动器电源,通过 DIR 开关交换电机转向。

3）步进驱动器的连接电缆

STEPDRIVE C/C＋系列驱动器的连接电缆如图 6.7 所示，该电缆用于连接 CNC 输出的脉冲、方向指令与使能信号等，最大允许长度为 50 m。

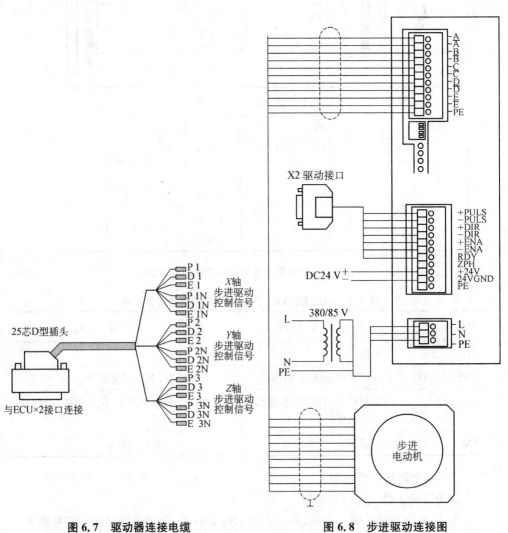

图 6.7　驱动器连接电缆　　　　　　图 6.8　步进驱动连接图

4）步进驱动器的连接

STEPDRIVE C/ C＋步进驱动系统的连接十分简单，只需要连接电源、指令电缆、电机动力电缆、准备好信号即可，步进驱动器 STEPDRIVEC/ C＋的连接如图 6.8 所示。

（1）电源连接。STEPDRIVE C/C+步进驱动器要求的额定输入电源为单相AC85 V、50 Hz,允许电压波动范围为±10%,必须使用驱动电源变压器。在驱动器中,电源的连接端为图 6.8 中的 L、N、PE 端。

（2）指令与"使能"信号的连接。步进驱动器的指令脉冲(+PULS/−PULS)、方向(+DIR/−DIR)与使能(+ENA/−ENA)信号从控制端 X2 输入,具体的连接方法如表 6.10 所示。

表 6.10　驱动器与 X2 接口的连接

信号名称	线号	802S CNC(端口/脚号)	备注
+PULS1	P1	X2/1	X 轴
−PULS1	P1N	X2/14	X 轴
+DIR1	DI	X2/2	X 轴
−DIR1	DIN	X2/15	X 轴
+ENA1	E1	X2/3	X 轴
−ENA1	E1N	X2/16	X 轴
+PULS2	P2	X2/4	Y 轴
−PULS2	P2N	X2/17	Y 轴
+DIR2	D2	X2/5	Y 轴
−DIR2	D2N	X2/18	Y 轴
+ENA2	E2	X2/6	Y 轴
−ENA2	E2N	X2/19	Y 轴
+PULS3	P3	X2/7	Z 轴
−PULS3	P3N	X2/20	Z 轴
+DIR3	D3	X2/8	Z 轴
−DIR3	D3N	X2/21	Z 轴
+ENA3	E3	X2/9	Z 轴
−ENA3	E3N	X2/22	Z 轴

表 6.9 中各信号的作用如下:

+PULS/−PULS:指令脉冲输出,上升沿生效,每一脉冲输出控制电机运动一步(0.36°)。输出脉冲的频率决定了电机的转速(即工作台运动速度),输出脉冲数决定了电机运动的角度(即工作台运动距离)。

+DIR/－DIR:电机旋转方向选择。"0"为顺时针,"1"为逆时针。

+ENA/－ENA:驱动器"使能"控制信号。"0"为驱动器禁止,"1"为驱动器"使能"。驱动器禁止时,电机无保持力矩。

(3)"准备好"信号的连接。STEPDRIVE C/C＋系列驱动器的"准备好"信号输出通常使用 DC24 V 电源,信号电源需要外部电源提供,连接方法如图 6.9 所示。

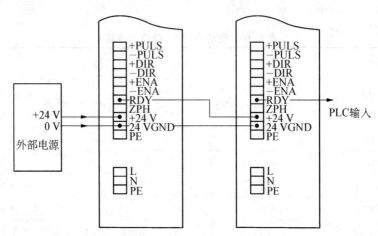

图 6.9 "准备好"信号的连接

＋24V/24V GND:驱动器的"准备好"信号外部电源输入。

RDY:驱动器的"准备好"信号输出。当使用多轴驱动时,根据 SIEMENS 的习惯使用方法,此信号一般情况下串联使用,即将第一轴的 RDY 输出作为第 2 轴的＋24 V 输入,3 轴时再把第 2 轴的 RDY 输出作为第 3 轴的＋24 V 输入,依次类推,并从最后的轴输出 RDY 信号,作为 PLC 的输入信号。

(4) 电机的连接。STEPDRIVE C/C＋系列驱动器的连接非常简单,只需要直接将驱动器上的 A＋～E—与电机的对应端连接即可,对于无引出线标记的,各项的连接可按照图6.10进行。

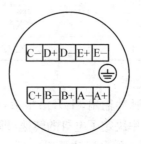

图 6.10 西门子步进电机引出线

项目 6.2　802C 数控系统的组成与连接

【知识目标】

(1) 802C 数控系统的总体连接。

(2) 802C 数控装置的接口定义。

(3) TSTE 东元驱动器的结构及特点。

(4) TSTE 东元驱动器的连接及调试步骤。

(5) G110 变频器的结构及特点。

【能力目标】

(1) 能进行 TSTE 东元驱动器的连接。

(2) 能进行 G110 变频器的连接。

(3) 能进行 802C 数控系统的连接。

【学习重点】

TSTE 东元驱动器的连接及调试。

6.2.1　802C base line 数控系统的组成

SINUMERIK 802C 系列包括 802C、802Ce、802C Baseline 等型号,具有结构简单、体积小、可靠性高的特点,近年来在国产经济型和普及型数控车、铣、磨床上有较大的使用。

802C 和 802Ce 可以控制 3 个 1FK6 交流伺服电机轴和 1 个伺服或变频驱动的主轴,连接 SIMODRIVE 611U 数字式交流伺服驱动系统。

802C base line 是在 SINUMERIK 802C 基础上开发的全功能数控系统。它可以控制2~3个伺服电机进给轴和一个伺服主轴或变频主轴,提供了 48 个 24 V 的直流输入和 16 个 24 V 的直流输出,输出同时工作系数为 0.5,带负载能力可达0.5 A。本项目将以 802C base line 型号为代表进行讲解。

1) 802C base line 数控系统的总体连接

802C base line 集成了所有的数控单元,PLC,人机界面,输入/输出单元于一身,可独立于其他部件进行安装,操作面板提供了完成所有数控操作、编程的按键以及 8 英寸 LCD 显示器,同时还提供 12 个带有 LED 的用户自定义键。基本配置的驱动系统为 SIMODRIVE 611U 伺服驱动系统和带单极对旋转变压器的 1FK 7伺服电机,802C base line 数控系统的总体连接如图 6.11 所示。

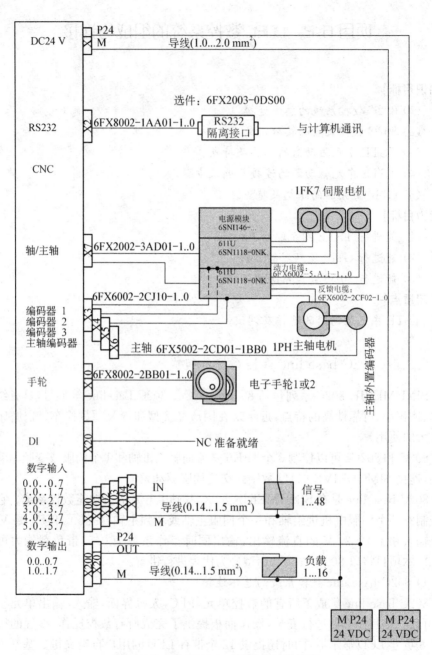

图 6.11　802C base line 的总体连接框图

2) 802C base line 数控装置的接口定义

802C base line 数控装置的接口位于机箱的背面,接口布置如图 6.12 所示。

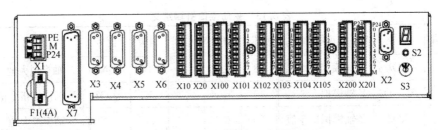

图 6.12　数控装置接口布置图

(1) X1:电源接口(DC 24V)。3 芯螺钉端子块,用于连接 24V 负载电源,引脚定义如表 6.11 所示。

表 6.11　电源接口引脚定义

引脚号	信号名	说明
1	PE	保护地
2	M	0 V
3	P24	DC24 V

(2) X2:RS232 接口。RS232 与 PC 机连接方式与 802S 一致。

(3) X3~X6:编码器接口 X3~X6 为 SUB - D15 芯孔插座,X3~X6 接口引脚分配均相同,引脚定义如表 6.12 所示。

表 6.12　编码器接口引脚定义

引脚	信号	说明	引脚	信号	说明
1	n. c		9	M	电压输出
2	n. c		10	Z	输入信号
3	n. c		11	Z_N	输入信号
4	P5EXT	电压输出	12	B_N	输入信号
5	n. c		13	B	输入信号
6	P5EXT	电压输出	14	A_N	输入信号
7	M	电压输出	15	A	输入信号
8	n. c				

（4）X7：驱动接口（AXIS），50芯D型插座，用于连接具有包括主轴在内最多4个模拟驱动的功率模块。引脚定义如表6.13所示。

表 6.13　驱动接口引脚定义

引脚	信号	说明	引脚	信号	说明	引脚	信号	说明
1	AO1	X 轴模拟指令值	18	n. c		34	AGND1	X 轴模拟大地
2	AGND2	Y 轴模拟大地	19	n. c		35	AO2	Y 轴模拟指令值
3	AO3	Z 轴模拟指令值	20	n. c		36	AGND3	Z 轴模拟大地
4	AGND4	主轴模拟大地	21	n. c		37	AO4	主轴模拟指令值
5	n. c		22	M	大地	38		
6	n. c		23	M	大地	39		
7	n. c		24	M	大地	40		
8	n. c		25	M	大地	41		
9	n. c		26			42		
10	n. c		27			43		
11	n. c		28			44		
12	n. c		29	n. c		45		
13	n. c		30	n. c		46		
14	SET1. 1	X 轴伺服使能	31	n. c		47		
15	SET2. 1	Y 轴伺服使能	32	n. c		48		
16	SET3. 1	Z 轴伺服使能	33	n. c		49		
17	SET4. 1	主轴使能				50		

（5）X10 手轮接口（MPG），10芯插头，用于连接手轮，引脚定义如表6.14所示。

表 6.14　手轮接口引脚定义

引脚	信号	说明	引脚	信号	说明
1	A1+	手轮 1 A 相+	4	B1−	手轮 1 B 相−
2	A1−	手轮 1 A 相−	5	P5V	+5DC
3	B1+	手轮 1 B 相+	6	GND	地

（续表）

引脚	信号	说明	引脚	信号	说明
7	A2+	手轮 2A 相+	9	B2+	手轮 2B 相+
8	A2-	手轮 2A 相-	10	B2-	手轮 2B 相-

（6）X20：用于连接 NC_READY 继电器，NC READY 是 NC 内部的一个继电器，10 芯插头，引脚定义如表 6.15 所示，引脚 1 和 2 是该继电器的两个触点，当 NC 未准备好时，它的触点将断开，反之则闭合。继电器触点形式的 NC_READY 可以接入急停电路。

表 6.15　继电器引脚定义

引脚	信号	类型	引脚	信号	类型
1	NCRDY_1	使能 1	6	I3/BERO4	未定义
2	NC_RDY_2	使能 2	7	I4/BERO5	未定义
3	I0/BERO1	未定义	8	I5/BERO6	未定义
4	I1/BERO2	未定义	9	L-	数字输入的参考电位
5	I2/BERO3	未定义	10	L-	数字输入的参考电位

（7）X100～X105：输入接口。

10 芯插头，用于连接数字输入，共有 48 个数字输出接线端子，引脚定义如表 6.16 所示。表中信号的高电平为 15～30 VDC，耗电流为 2～15 mA，低电平为 -3～5 V。

表 6.16　输入接口引脚定义

引脚	信号	X100	X101	X102	X103	X104	X105
1	空						
2	输入	I0.0	I1.0	I2.0	I3.0	I4.0	I5.0
3	输入	I0.1	I1.1	I2.1	I3.1	I4.1	I5.1
4	输入	I0.2	I1.2	I2.2	I3.2	I4.2	I5.2
5	输入	I0.3	I1.3	I2.3	I3.3	I4.3	I5.3
6	输入	I0.4	I1.4	I2.4	I3.4	I4.4	I5.4
7	输入	I0.5	I1.5	I2.5	I3.5	I4.5	I5.5
8	输入	I0.6	I1.6	I2.6	I3.6	I4.6	I5.6

（续表）

引脚	信号	X100	X101	X102	X103	X104	X105
9	输入	I1.7	I1.7	I2.7	I3.7	I4.7	I5.7
10	M24						

（8）X200～X201：输出接口。

10 芯插头，用于连接数字输出，共有 16 个数字输出接线端子，引脚定义如表 6.17 所示。表中信号的高电平为 24 VDC，0.5 A，漏电流小于 2 mA，同时系数为 0.5。

表 6.17　输出接口引脚定义

引脚	信号	X200 地址	X201 地址	引脚	信号	X200 地址	X201 地址
1	L+			6	输出	Q0.4	Q1.4
2	输出	Q0.0	Q1.0	7	输出	Q0.5	Q1.5
3	输出	Q0.1	Q1.1	8	输出	Q0.6	Q1.6
4	输出	Q0.2	Q1.2	9	输出	Q0.7	Q1.7
5	输出	Q0.3	Q1.3	10	M24		

6.2.2　TSTE 东元伺服驱动器的连接

TSTE 系列经济型伺服是台湾东元最新伺服电机产品系列，产品覆盖 50～1 000 W 等小功率型号，具有标准的 3 种控制模式（位置、速度、扭矩）、RS485 通信功能、自动增益调节功能，输入/输出端口可根据客户要求自定义，驱动器节设计能化，使得外观更加精致，TSTE 系列驱动器可搭配 TRC 和 TST 系列电机。

1）TSTE 东元伺服驱动系统的概述

（1）东元驱动器型号定义如图 6.13 所示。

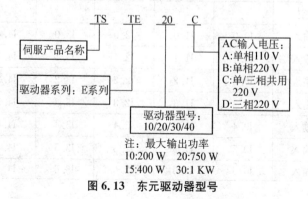

图 6.13　东元驱动器型号

（2）伺服马达型号定义如图 6.14 所示。

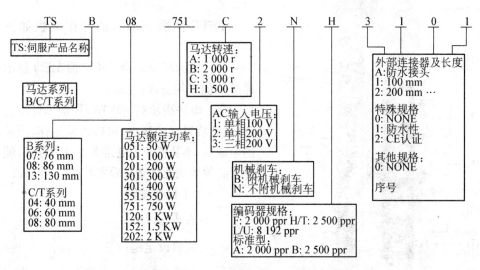

图 6.14 伺服马达的型号

（3）伺服驱动器的操作模式。TSTE 系列驱动器提供多种操作模式，详细模式如表6.18 所示。

表 6.18 TSTE 驱动器的操作模式

模式名称		模式代码	说 明
单一模式	位置模式（外部脉冲命令）	Pe	驱动器为位置回路，进行定位控制，外部脉冲命令输入模式是接受上位控制器输出的脉冲命令来达成定位功能。位置命令由 CN1 端子输入。
	位置模式（内部位置命令）	Pi	驱动器为位置回路，进行定位控制，位置命令由内部寄存器提供（共 16 组）
	速度模式	S	驱动器为速度回路，速度命令可由内部寄存器提供（共 3 组寄存器），或由外部端子输入模拟电压（$-10\sim+10$ V）。
	扭矩模式	T	驱动器为扭矩回路，扭矩命令由外部端子输入模拟电压（-10 V$\sim+10$ V）
切换模式		Pe-S	Pe 与 S 可通过数位输入引脚切换
		Pe-T	Pe 到 T 可通过数位输入引脚切换
		S-T	S 到 T 可通过数位输入引脚切换

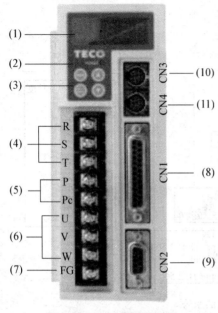

图 6.15　驱动器操作面板

2）TSTE 伺服驱动器的操作面板及接口定义

TSTE 伺服驱动器的操作面板如图 6.15 所示。

（1）显示部分。由 5 位 7 段 LED 显示器显示伺服状态或报警。

（2）电源指示灯。POWER 指示灯绿色时，表示装置已经通电，可以正常运作；当关闭电源后，本装置的主电路尚有电力存在，使用者必须等到此灯全暗后才可以拆装电线。

（3）4 个操作按键。

MODE：模式选择键；

ENTER：资料设定键；

▲：数字增加键；

▼：数字减少键。

（4）主回路电源输入端。R、S、T 连接外部 AC 电源。

（5）外部回生电阻连接端子。当使用外部回生电阻时，需在 Cn012 设定电阻功率。

（6）马达连接输入端。连接三相马达。

（7）马达外壳接地端子 FG。

（8）控制信号接头 CN1。

（9）编码器接头 CN2。

（10）通讯接头（for RS485）。

（11）通讯接头（for RS232/485）。

3）驱动器接口定义

（1）CN1 控制接口。CN1 控制接口引脚定义如表 6.19 所示，其中分周输出处理表示将马达的编码器旋转一转所出现的脉冲信号除以 Cn005 设定值，再由 CN1 上的脚位输出。

表 6.19　CN1 控制接口引脚定义

脚号	名称	功　能	脚号	名称	功　能
1	DI-1	数字输入端子 1	3	DI-3	数字输入端子 5
2	DI-3	数字输入端子 3	4	Pulse+	位置输入脉冲+

（续表）

脚号	名称	功　能	脚号	名称	功　能
5	Pulse−	位置输入脉冲−	16	DI-6	数字输入端子6
6	Sign+	位置符号命令输入+	17	DICOM	数字输入端子公共端
7	Sign−	位置符号命令输入−	18	DO-1	数字输出端子1
8	IP24	+24 V电源输出	19	DO-2	数字输出端子2
9	/PA	分周输出/A相	20	DO-3	数字输出端子3
10	/PB	分周输出/B相	21	PA	分周输出A相
11	/PZ	分周输出/Z相	22	PB	分周输出B相
12	SIN	模拟输入端子速度/转矩命令输入	23	PZ	分周输出Z相
			24	IG24	+24 V电源地端
13	AG	模拟信号地	25	PIC	模拟输入端子速度/转矩限制命令输入
14	DI-2	数字输入端子2			
15	DI-4	数字输入端子4			

（2）CN2 编码器接口。CN2 编码器接口引脚定义如表 6.20 所示。

表 6.20　编码器接口引脚定义

脚号	名称	功　能	脚号	名称	功　能
1	B	编码器B相输入	6	—	—
2	/A	编码器/A相输入	7	/Z	编码器/Z相输入
3	A	编码器A相输入	8	Z	编码器Z相输入
4	GND	+5 V电源地端	9	/B	编码器/B相输入
5	+5E	+5 V电源输出			

（3）CN3：RS-485 串口。

（4）CN4：RS-232/485。

4）伺服驱动系统的连接

伺服驱动系统的连接方法如图 6.16 所示。

本项目将以速度控制的操作模式具体介绍驱动器各引脚与 CNC、伺服电机、编码器的连接。速度控制的标准接线如图 6.17 所示。

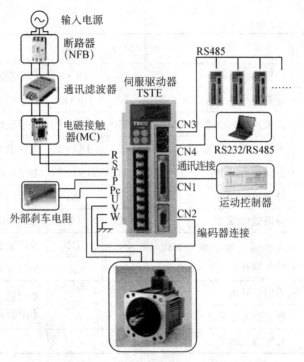

输入电源

断路器(NFB)

通讯滤波器

电磁接触器(MC)

伺服驱动器 TSTE

RS485

CN3

CN4 RS232/RS485

通讯连接 CN1

运动控制器

CN2

编码器连接

外部刹车电阻

R S T P Pc U V W

图6.16 伺服驱动系统的连接。

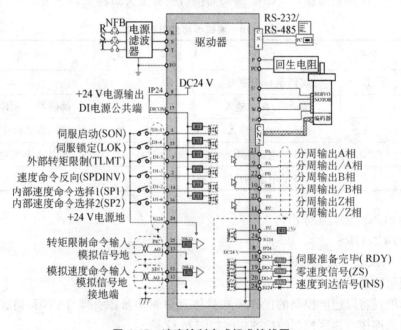

NFB 电源滤波器 驱动器 RS-232/RS-485

回生电阻

DC24 V

+24 V电源输出 IP24

DI电源公共端 DICOM

SERVO NOTOR

编码器

伺服启动(SON)

伺服锁定(LOK)

外部转矩限制(TLMT)

速度命令反向(SPDINV)

内部速度命令选择1(SP1)

内部速度命令选择2(SP2)

+24 V电源地

分周输出A相

分周输出/A相

分周输出B相

分周输出/B相

分周输出Z相

分周输出/Z相

转矩限制命令输入

模拟信号地

模拟速度命令输入

模拟信号地

接地端

伺服准备完毕(RDY)

零速度信号(ZS)

速度到达信号(INS)

图6.17 速度控制方式标准接线图

（1）驱动器 CN1 接口与 CNC 中 X7 接口的连接如表 6.21 所示。

表 6.21　驱动器 CN1 接口与 CNC 中 X7 接口的连接

CNC 侧		驱动侧		备注
引脚	中心颜色	引脚		轴号
1	橙	CN1:12	驱动器 1	X 轴
34	红	CN1:13		
47	棕	CN1:01		
14	黑	CN1:24		
35	紫	CN1:12	驱动器 2	Y 轴
2	蓝	CN1:13		
48	绿	CN1:01		
15	黄	CN1:24		
3	白棕	CN1:12	驱动器 3	Z 轴
36	白黑	CN1:13		
49	粉红	CN1:01		
16	灰	CN1:24		

（2）驱动器 CN1 接口与 CNC 中编码器反馈接口（X3、X4、X5）的连接（见表 6.22）。

表 6.22　驱动器 CN1 接口与 CNC 中编码器反馈接口的连接

CNC 侧	驱动器侧		备注
引脚	引脚		轴号
X3:15	CN1:21	驱动器 1	X 轴反馈
X3:14	CN1:9		
X3:13	CN1:22		
X3:12	CN1:10		
X3:10	CN1:23		
X3:11	CN1:11		
X4:15	CN1:21	驱动器 2	Y 轴反馈
X4:14	CN1:9		
X4:13	CN1:22		

（续表）

CNC 侧	驱动器侧		备注
引脚	引脚		轴号
X4:12	CN1:10		
X4:10	CN1:23	驱动器 2	Y 轴反馈
X4:11	CN1:11		
X5:15	CN1:21		
X5:14	CN1:9		
X5:13	CN1:22		
X5:12	CN1:10	驱动器 3	Z 轴反馈
X5:10	CN1:23		
X5:11	CN1:11		

（3）驱动器的 CN2 接口与检测装置编码器的连接（见表 6.23）。

表 6.23　驱动器的 CN2 接口与编码器的连接

端子符号	颜色	信号	端子符号	颜色	信号
1	白	+5 V	6	紫	/B
2	黑	0 V	7	黄	C
3	绿	A	8	橙	/C
4	蓝	/A	9	屏蔽	FG
5	红	B			

（4）驱动器与电机的连接。电机的 U、V、W 三相分别与驱动器的 U、V、W 三相对应连接（见表 6.24）。

表 6.24　电机接线表

端子符号	颜色	信号	端子符号	颜色	信号
1	红	U	3	黑	W
2	白	V	4	绿	FG

5）伺服驱动系统的试运行

在执行试运行前，所有的连线工作已经全部完成。以下在搭配上位控制器时，将以速度控制回路为例,依次说明三阶段试运行动作与目的。

伺服驱动系统试运行的步骤如下:

(1) 将伺服驱动器与马达连接 (见图 6.18),进行无负载伺服马达试运行,其目的是检查驱动器电源配线、伺服马达配线、编码器配线、伺服马达运转方向与速度等是否正确。

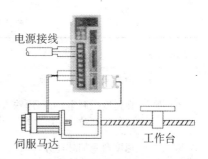

图 6.18　伺服驱动器与马达的连接

(2) 在完成第(1)步后,再将伺服马达与上位控制器连接(见图 6.19),进行无负载伺服马达搭配上位控制器试运行,其目的是检查上位控制器与伺服马达驱动器间控制信号的配线、伺服马达运转方向、速度与圈数、刹车功能、驱动禁止功能与保护功能等方面是否正确。

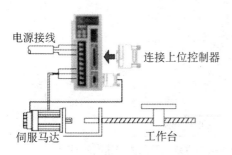

图 6.19　伺服马达与上位控制器的连接

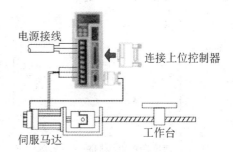

图 6.20　负载与伺服马达的连接

(3) 在完成第(2)步后,再将负载与伺服马达连接(见图 6.20),实现有负载伺服马达搭配上位控制器试运行。其目的是检查伺服马达运转方向、速度与行程、设定相关控制参数等方面是否正确。

6) 速度控制参数设置

速度控制参数如表 6.25 所示。

表 6.25　速度控制参数

参数代号	名称与功能	预设值
SN201	内部速度命令 在速度控制室,可利用输入接点 SP1、SP2 切换三组内部速度命令,使用内部速度命令 1 时,SP2、SP1 分别为 0、1	100
SN202	内部速度命令 在速度控制室,可利用输入接点 SP1、SP2 切换三组内部速度命令,使用内部速度命令 1 时,SP2、SP1 分别为 1、0	200

（续表）

参数代号	名称与功能	预设值
SN203	内部速度命令 在速度控制室，可利用输入接点 SP1、SP2 切换三组内部速度命令，使用内部速度命令 1 时，SP2、SP1 分别为 1、1	300
SN205	速度命令加减速方式： 0：不使用速度命令加减速功能 1：使用速度命令一次平滑加减速功能 2：使用速度命令直线加减速功能 3：使用 S 型速度命令加减速功能	
SN206	速度命令一次平滑加减速时间常数的定义为由零速一次延迟上升到 63.2% 速度命令的时间 	
SN207	速度命令直线加减速常数的定义为速度由零直线上升到额定速度的时间 	
SN208	S 型速度命令加减速时间设定 t_s： 在加减速时，因启动停止时的加减速变化太剧烈，导致机械震荡，在速度命令加入 S 型加减速，可达到运转平顺的功用。	

参数代号	名称与功能	预设值
SN209	S 型速度命令加速时间设定	
SN210	S 型速度命令减速时间设定	
SN211	速度回路增益 1:速度回路增益直接决定速度控制回路的相应频宽,在机械系统不产生震荡或噪音的前提下,增大速度回路增益值,则速度相应会加快	
SN212	速度回路积分时间常数 1:速度控制回路加入积分元件,可有效地消除速度稳态误差。一般情况下,在机械系统不产生震动或噪音的前提下,减小速度回路积分时间常数,以增加系统刚性。速度回路积分时间常数的积分公式: $$速度回路积分时间常数 = \frac{5}{2\pi \times 速度回路增益}$$	
	模拟速度输入	
SN216	模拟速度命令比例器 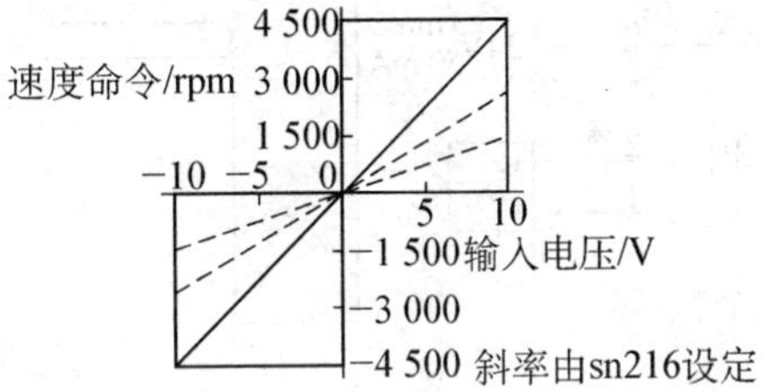 用来调整电压命令相对于速度命令的斜率	
SN217	模拟速度命令偏移调整 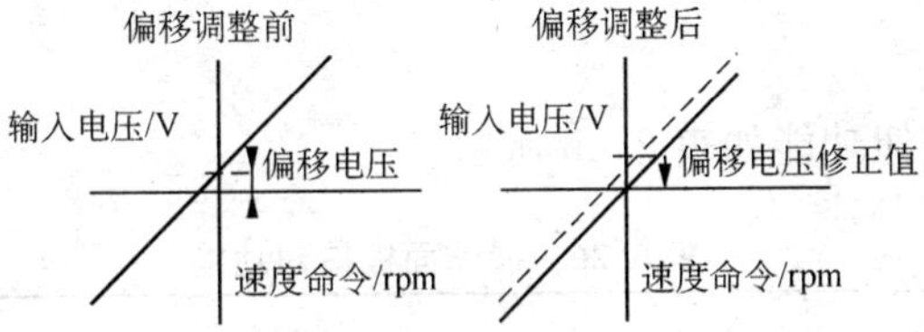	
SN218	模拟速度命令限制: 限制模拟输入最高速度	

6.2.3　SINAMICS G110 变频器的连接及使用

1) 变频器的控制框图

G110 变频器的控制框图如图 6.21 所示。

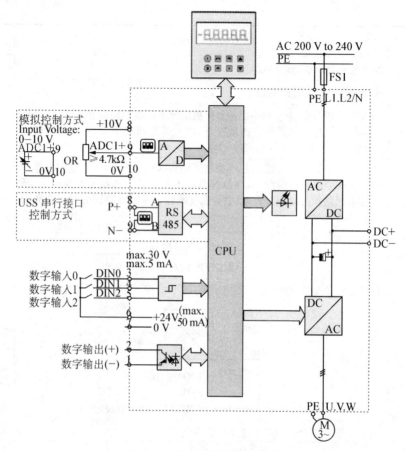

图 6.21　G110 变频器控制框图

2) 操作面板

操作面板的按钮功能如表 6.26 所示。

表 6.26　操作面板按钮功能

显示/按钮	功能	功能说明
⌐0000	状态显示	LCD 显示变频器当前所用的设定值
Ⓘ	启动变频器	按此键启动变频器。当 P0700＝1 或 P0719＝10…15 时,此键有效
⊙	停止变频器	按此键一次,变频器将按选定的斜坡下降速率减速停车;按此键两次,电动机将在惯性作用下自由停车
⌒	改变电机方向	按此键可以改变电动机的转动方向

（续表）

显示/按钮	功能	功能说明	
JOG		在变频器"运行准备就绪"的状态下,按此键,将使电动机启动,并按预设定的点动频率运行。释放此键,变频器停车。如果电动机正在运行,按此键将不起作用	
Fn		此键用于浏览辅助信息。变频器运行过程中,在显示任何一个参数时按下此键并保持不动,将显示直流回路电压、输出频率、输出电压等参数。 故障确认。在出现故障或报警的情况下,按此键可以对故障或报警进行确认	
P	参数访问	按此键可访问参数	
▲	增加数值	按此键可增加面板上显示的参数数值	
▼	增加数值	按此键可减少面板上显示的参数数值	

3）控制运行方式

G110 变频器运行控制方式主要有 BOP 控制、控制端子控制、USS 串行接口控制 3 种方式。

（1）由 BOP 控制。启动、停止（命令信号源）由基本操作面板 BOP 控制,频率输出大小（设定值信号源）也由 BOP 来调节,在该控制方式下需设定的参数如表 6.27 所示。

表 6.27 BOP 控制参数设置

名称	参数	功 能
命令信号源	P0700＝1	BOP 设置
设定值信号源	P1000＝1	BOP 设置

（2）由控制端子控制。采用控制端子控制时,接线如表 6.28 所示。

表 6.28 控制端子的功能定义

数字输入	端子	参数	功 能
命令信号源	3,4,5	P0700＝2	数字输入
设定值信号源	9	P1000＝2	模拟输入
数字输入 0	3	P0701＝1	ON/OFF
数字输入 1	4	P0702＝12	反向
数字输入 2	5	P0703＝0	故障复位（ACK）

（续表）

数字输入	端子	参数	功　能
控制方式	—	P0727＝0	西门子标准控制

1 DOUT－	2 DOUT＋	3 DIN0	4 DIN1	5 DIN2	6 +24 V	7 0 V	8 +10 V	9 ADC1	10 0 V

I/0　　　　　Ack　　　　　　　　　≥4.7 kΩ

（3）由 USS 串行接口控制。USS 串行控制时的接线如表 6.29 所示。

表 6.29　USS 串行控制时的接线

数字输入	端子	参数	功　能
命令信号源		P0700＝5	符合 USS 协议
设定值信号源		P1000＝5	符合 USS 协议的输入频率
USS 地址	8,9	P2011＝0	USS 地址＝0
USS 波特率		P2010＝6	USS 波特率＝9 600 bps
USS－PZD 长度		P2012＝2	在 USS 报文中 PZD 是两个 16 位字

1 DOUT－	2 DOUT＋	3 DIN0	4 DIN1	5 DIN2	6 +24 V	7 0 V	8 P＋	9 N－	10 0 V

RS485

4）参数设置

以更改 P0003 的"访问级"为例,操作步骤如表 6.30 所示。

表 6.30　更改 P0003 参数的步骤

	操作步骤	显示的结果
1	按 P 键,访问参数	r0000
2	按 ▲ 键,直到显示出 P0003	P0003
3	按 P 键,进入参数访问记	1
4	按 ▲ 键或 ▼ 键,达到所要求的数值(例如:3)	3
5	按 P 键,确认并存储参数的数值	P0003
6	现在已设定为第 3 访问级,使用者可以看到第 1 至第 3 级的全部参数	

5）串行调试

利用软件工具 STARTER 或 BOP 可以把现存的参数数据传送给 SINAMICS G110 变频器。如果有若干台 SINAMICS G110 变频器需要调试，而且这些变频器具有相同的配置和相同的功能，那么，首先应对第一台变频器进行快速调试或应用调试，然后把变频器的参数数值传送给 SINAMICS G110 变频器。在更换 SINAMICS G110 变频器时，将原有变频器的参数设置装入现有变频器中。

利用 BOP 将一台变频器的参数复制到另一台变频器（SINAMICS G110→BOP）的步骤如下：

（1）在需要复制其参数的 SINAMICS G110 变频器上安装基本操作面板（BOP）。

（2）确认将变频器停车是安全的。

（3）将变频器停车。

（4）把参数 P0003 设定为 3，进入专家访问级。

（5）把参数 P0010 设定为 30，进入参数复制方式。

（6）把参数 P0802 设定为 1，开始由变频器向 BOP 上装参数。

（7）在参数上装期间，BOP 显示"BUSY"。

（8）在参数上装期间，BOP 和变频器对一切命令都不予相应。

（9）如果参数上装成功，BOP 的显示将返回常规状态，变频器则返回准备状态。

（10）如果参数上装失败，则应尝试再次进行参数上装的各个操作步骤，或将变频器复位为出厂时的缺省设置值。

（11）从变频器上拆下 BOP。

利用 BOP 下载参数（BOP→SINAMICS G110）的步骤如下：

（1）把 BOP 装到另一台需要下载参数的 SINAMICS G110 变频器上。

（2）确认该变频器已经上电。

（3）把该变频器的参数 P0003 设定为 3，进入专家访问级。

（4）把参数 P0010 设定为 30，进入参数复制方式。

（5）把参数 P0803 设定为 1，开始由 BOP 向变频器下载参数。

（6）在参数下载期间，BOP 显示"BUSY（忙碌）"。

（7）在参数下载期间，BOP 和变频器对一切命令都不予响应。

（8）如果参数下载成功，BOP 的显示将返回常规状态，变频器则返回准备状态。

（9）如果参数下载失败，则应尝试再次进入参数下载的各个操作步骤，或将变频器复位为工厂的缺省设置值。

（10）从变频器上拆下 BOP。

项目6.3　802D数控系统的组成及连接

【知识目标】
　　(1) 802D数控系统的组成。
　　(2) 控制单元PCU的接口定义。
　　(3) 输入/输出模块PP72/48的接口定义。
　　(4) PROFIBUS总线的连接方法。
　　(5) 611UE驱动器的组成及接口定义。

【能力目标】
　　(1) 能设置输入/输出模块PP72/48的地址。
　　(2) 能使用PROFIBUS进行系统的连接。
　　(3) 能正确连接611UE驱动器。
　　(4) 能正确连接802D数控系统。

【学习重点】
　　611UE驱动器的连接。

6.3.1　802D数控系统的组成

　　802D是目前普及型数控机床常用的CNC,与802S、802C相比,其结构和性能有了较大的改进和提高,可控制5个NC轴(5个NC轴可以是4个进给轴+1个数字/模拟主轴或3个进给轴+2个数字/模拟主轴)。802D可配套采用SIMODRIVE 611UE驱动装置与1FK7系列伺服电机,基于Windows的调试软件可以便捷地设置驱动参数,并对驱动器的参数进行动态优化。

　　1) 802D数控系统的总体连接

　　802D系统采用高度集成的一体化结构,由面板控制单元PCU、机床控制面板MCP、NC键盘、伺服驱动功率模块及电源、输入输出模块、电子手轮等基本单元组成。PCU作为802D数控系统的核心部件,将NCK、PLC、HMI和通讯任务集成在一起,并用PROFIBUS现场总线将各单元连接起来,802D系统的总体连接框图如图6.22所示。

　　2) 802D数控系统的功能部件

　　(1) 系统控制及显示单元(PCU)。PCU单元为802D的核心单元(见图6.23),有一块486工控机作为主CPU,负责数控运算、界面管理、PLC逻辑运算等。其显示单元为10.4寸彩色液晶显示屏,与键盘输入单元组成人机界面。该单元与系统其他单元间的通讯采用PROFIBUS现场总线,另有2个RS232接口与外界通讯。

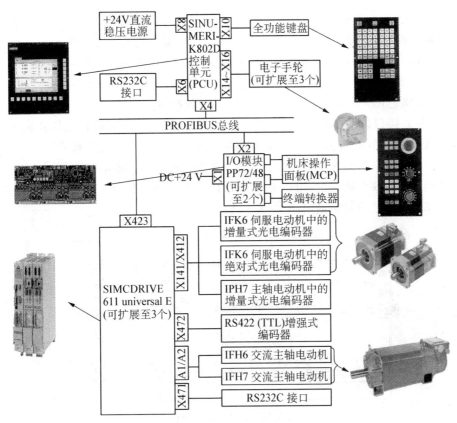

图 6.22 802D 数控系统总体连接框图

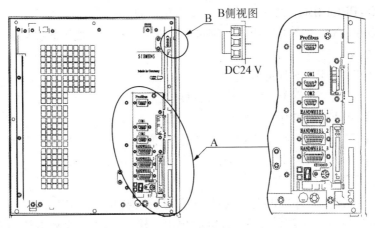

图 6.23 PCU 单元接口

① A 处接口说明：

PROFIBUS(X4)：总线接口，用于 PP72/48、伺服驱动装置的连接。

COM1(X6)：9 芯孔式 D 型插座，用于连接外部 PC 机或 RS232 隔离器。

HANDWHEEL1～3(X14～X16)：15 芯孔式 D 型插座，用于连接手轮。

KEYBOARD(X10)：6 芯 Mini - DIN，用于连接键盘。

② B 处接口说明：PCU 单元 DC24 供电电源输入口，必须确认电压在额定输入电压(DC24 V)的－15%～＋20%的范围内才能对系统进行上电调试。

（2）输入/输出模块 PP72/48。输入/输出模块 PP72/48 的结构如图 6.24 所示，此模块具有 3 个独立的 50 芯插槽 X111，X222，X333，每个插槽中包括了 24 位数字输入和 16 位数字输出。

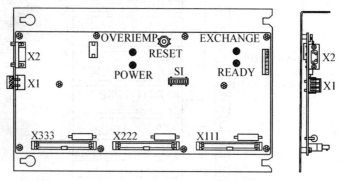

图 6.24　PP72/48 的结构

① X1：24VDC 电源，3 芯端子式插头。

② X2：PROFIBUS 总线连接接口，9 芯孔式 D 型插头。

③ X111、X222、X333：用于数字量输入和输出，可与端子转换器连接，50 芯扁平电缆插头。

④ S1：PROFIBUS 地址开关。

⑤ 4 个发光二极管 PP72/48 的状态显示。

绿色 POWER：电源指示。

红色 READY：PP72/48 就绪，但无数据交换。

绿色 ECHANGE：PP72/48 就绪，ROFIBUS 数据交换。

红色 OVTEMP：超温指示。

PP72/48 模块的外部供电方式：输入信号的公共端可由 PP72/48 任意接口的第 2 脚供电；也可由系统的 24VDC 电源供电。输出信号的驱动电流由 PP72/48 各接口的公共端(X111/X222/X333 的端子 47/48/49/50)提供。输出公共端可由为系统供电的 24VDC 电源供电,也可采用独立的电源,如果采用独立电源为输出公共端供电,该电源的 0V 应与系统供电的 24V 电源的 0V 连接。

802D 系统最多可配置 2 块 PP72/48 模块,PP72/48 模块的地址通过 DIL 开关 S1 设定,PP72/48 模块 1 的地址为 9(1 和 4 为 ON,其余为 OFF),PP72/48 模块 2 的地址为 8(4 为 ON,其余为 OFF),地址设定方法如图 6.25 所示。

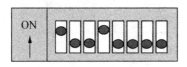 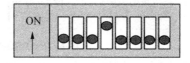

模块 1 的地址　　　　　　　　　模块 2 的地址

图 6.25　PP72/48 模块的地址设定

模块 1 三个插座对应的输入/输出地址如下:

X111 对应 24 位输入(I0.0~I2.7)和 16 位输出(Q0.0~Q1.7)。

X222 对应 24 位输入(I3.0~I5.7)和 16 位输出(Q2.0~Q3.7)。

X333 对应 24 位输入(I6.0~I8.7)和 16 位输出(Q4.0~Q5.7)。

模块 2 三个插座对应的输入/输出地址如下:

X111 对应 24 位输入(I9.0~I11.7)和 16 位输出(Q6.0~Q7.7)。

X222 对应 24 位输入(I12.0~I14.7)和 16 位输出(Q8.0~Q9.7)。

X333 对应 24 位输入(I15.0~I17.7)和 16 位输出(Q10.0~11.7)。

(3) PROFIBUS 总线。SINUMERIK 802D 是基于 PROFIBUS 总线的数控系统。输入/输出信号是通过 PROFIBUS 传送的,位置调节(速度给定和位置反馈)也是通过 PROFIBUS 完成的,因此,PROFIBUS 的正确连接非常重要。

PCU 为 PROFIBUS 的主设备,每个 PROFIBUS 从设备都有自己的总线地址,因而从设备在 PROFIBUS 总线上的排列次序是任意的。PROFIBUS 总线连接时要求各接点进出方向正确,两根线不交叉且连接可靠,屏蔽接牢;各接点插头上的设置开关严格遵循终端为"ON",中间为"OFF"的原则。PROFIBUS 的连接如图 6.26 所示。

图 6.26 中 PP72/48 的总线地址有模块上的地址开关 S1 设定。第一块 PP72/48 的总线地址为"9",如果选配第二块 PP72/48,其总线地址应设定为"8"。总线设备在总线上的排列顺序不限。但总线设备的总线地址不能冲突,既总线上不允许相同的地址。611UE 的总线地址可利用工具软件 SimoComU 设定,也可通过 611UE 的输入键设定。下面介绍用 611UE 的输入键设定总线地址的方法:

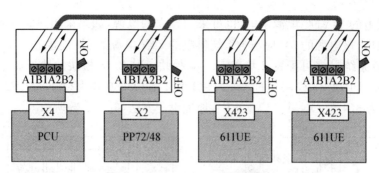

图 6.26　PROFIBUS 电缆的连接

① 驱动器首次上电后,显示窗口显示 A1106,表示驱动器无数据。按■键找到参数 A651,按■键把参数修改为 4,然后再按■键结束输入。

② 用■键找到参数 A918,按■键即可输入总线地址,然后按■键结束输入。

③ 用■键找到参数 A651,按■键把参数修改为 0,然后按■键结束输入。

④ 按■键找到参数 A652,按■键后,窗口显示 0,按■键,当窗口显示由"1"变为"0"时,总线地址被存储。

⑤ 驱动器重新上电后,总线地址生效。

(4) 机床控制面板 MCP。机床控制面板背后的两个 50 芯扁平插座(X1201、X1202)可通过扁平电缆与 PP72/48 模块(X111、X222)的插座连接,即机床控制面板的所有按键信号和指示灯信号均使用 PP72/48 模块的输入/输出点,MCP 各按键的地址分布如表 6.31 所示。该机床的控制面板占用 PP 模块的两个插槽,2 条扁平电缆可以连接 PP72/48 模块上的任意插座。

表 6.31　MCP 信号地址分布

机床控制面板		对应的按键及其所占输入/输出字节	输入/输出模块 PP72/48
![面板]	X1201	输入字节 IB0:对应按键♯1~♯8 输入字节 IB1:对应按键♯9~♯16 输入字节 IB2:对应按键♯17~♯24 输出字节 QB0:对应于用户定义键的 6 个发光二极管。	X111
	X1202	输入字节 IB3:对应按键♯25~♯27 输入字节 IB4:对应进给倍率开关 输入字节 IB5:对应主轴倍率开关 输出字节 QB1:保留	X222

(5) SIMODRIVE 611UE 驱动器。SIMODRIVE 611UE 驱动器是一种使用 PROFIBUS‐DP 总线接口进行控制的驱动器,只能与带 PROFIBUS DP 总线的

CNC 配套使用,由电源模块、功率模块、闭环控制模块以及其他选择子模块等安装成一体,组成了驱动模块,各驱动模块单元间共用直流母线和控制总线。

① 电源模块。SIMODIRVE 611UE 驱动器电源模块的作用:将输入的三相交流电源通过整流电路转变为驱动器逆变所需要的 DC 600V/DC 625V 直流母线电压,同时还产生驱动器调节器模块控制所需的 DC±24 V、DC±15 V、DC5 V 直流辅助电压。电源模块带有预充电控制与浪涌电流限制环节,预充电完成后自动闭合主回路接触器,提供 DC600 V/DC625 直流母线电压。

② 功率模块(6SN1123):可分为“单轴”和“双轴”两种基本结构。功率模块的规格主要取决于电机电流,与电机的种类无关,可用于 1FK6、1FK7 交流伺服电机或者 1PH7 主轴电机的驱动。

③ 控制模块(6SN1118):根据控制轴数的不同,可分为“单轴”与“双轴”两种基本结构。每种结构根据接口的不同,可分为速度模拟量输入接口型和 PROFIBUS - DP 总线接口型两种。最高控制频率可达到 1 400 HZ,可以用于交流伺服电机和交流主轴电机的闭环控制。

(6)伺服与主轴电机。配套 SIMODRIVE 611Ue 驱动器的伺服电机,常用的为 SIEMENS 公司的 1FK6、1FK7 系列交流稀土永磁同步伺服电机,其规格较多,需要根据实际需要选择。配套 SIMODRIVE 611UE 驱动器的主轴电机,常用的为 SIEMENS 公司的 1PH7 系列交流主轴电机,最高转速通常为 9 000 r/min,可以选择 12 000 r/min。其规格同样较多,需要根据实际需要选择。

6.3.2　611UE 系列驱动器的连接

611UE 驱动器的端口连接如图 6.27 所示。

1)电源模块的连接

(1)X111:驱动“准备好/故障”信点号输出连接端。

该连接端子一般与强电控制回路连接采用“接线端子”,端子的作用如下:

74/73.2:驱动器“准备好”信号触点输出,“常闭”触点,驱动能力为 AC250/2 A 或 DC50 V/2 A。

72/73.1:驱动器“准备好”信号触点输出,“常开”触点,驱动能力为 AC250/2A 或 DC50 V/2 A。

(2)X121:电源模块“使能”控制端。

53/52/51:驱动器电源模块过电流触点输出(53/51 为常闭,52/51 为常开),驱动能力为 DC50 V/200 mA。

9/63:驱动器电源模块“脉冲使能”信号输入,当 9/63 间的触点闭合时,驱动器各坐标轴的控制回路开始工作。

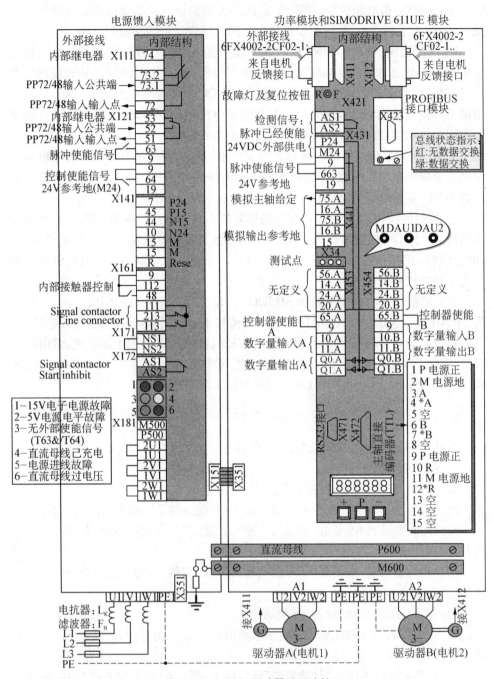

图 6.27　611UE 驱动器端口连接

9/64:驱动器电源模块"驱动使能"信号输入,当 9/64 间触点闭合时,驱动器各坐标轴的调节器开始工作。

9/19:驱动器电源模块"使能"端辅助输出电压+24 V/0 V 端。

(3) X141:辅助电压连接端。该连接端子一般与强电控制回路连接,采用"接线端子",端子的作用如下:

7:驱动器 DC24V 辅助电压输出,电压范围为+20.4～+28.8 V,驱动能力为 24 V/50 mA。

45:驱动器 DC15 V 辅助电压输出,驱动能力为 15 V/10 mA。

44:驱动器 D-15 V 辅助电压输出,驱动能力为-15 V/10 mA。

10:驱动器 DC-24 V 辅助电压输出,电压范围为 28.8～-20.4 V,驱动能力为-24 V/50 mA。

15:0V 公共端。

R:故障复位输入,当 R 与端子 15 间接通时驱动器故障复位。

(4) X161:主回路输出/控制连接端。该连接端子一般与强电控制回路连接,采用"接线端子",端子的作用如下:

9:驱动器电源模块"使能"端辅助电压-24 V 连接端。

112:电源模块调整与正常工作转换信号(正常使用时一般直接与 9 端短接,将电源模块设定为正常工作状态)。

48:电源模块主接触器控制端。

111/213/113:主回路接触器辅助触点输出。其中,111/113 为常开触点,111/213 为常闭触点(213 在部分电源模块中无作用),触点的驱动能力为 AC250 V/2 A 或 DC50 V/2 A。

(5) X171:预充电控制端。该连接端子的 NS1/NS2 一般直接"短接",当 NS1/NS2 断开时,驱动器内部的直流母线预充电回路的接触器将无法接通,预充电回路不能工作,驱动器无法正常启动。

(6) X172:启动禁止输出端。该连接端子的 AS1/AS2 为驱动器内部"常闭"触点输出,触点状态受"调整与正常工作转换"信号端 112 的控制,可以作为外部安全电路的"互锁"信号使用,AS1/AS2 间触点驱动能力为 AC250 V/1 A 或者 DC50 V/9 A。

(7) X181:辅助电源连接端。

M500/P500:直流母线电源辅助供给,一般不使用。

1U1/1V1/1W1:主回路电源输出端,在电源模块内部,它与主电源输入 U1/V1/W1 直接相连,在大多数情况下通过与 2U1/2V1/2W1 的连接,直接作为电源模块控制回路的电源输入。

2U1/2V1/2W1:电源模块控制电源输入端。

(8) X351:驱动器控制总线。

X351 为驱动器控制总线连接器,它与下一模块(通常为主轴驱动模块)的总线连接端 X151 相连。611UE 驱动器要求的输入电源为三相交流 400/415 V,允许电压波动为±10%,它与其他的驱动器相比输入电压要求更高,在使用、维修时应引起注意。

2)驱动模块的连接

(1) X421:"启动禁止"连接端。"启动禁止"连接端 X421 安装有 AS1、AS2 连接端子。AS1/AS2 为驱动模块"启动禁止"信号输出端,可以用于外部安全电路,作为"互锁"信号使用。AS1/AS2 为常闭触点输出,正常情况下,触点状态受驱动模块"脉冲使能"信号(9/663 端子)的控制,触点的驱动能力为 AC250/1 A 或 DC50 V/2 A。

(2) X431:"脉冲使能"连接端。

9/663:驱动器"脉冲使能"信号输入,当间的触点闭合时,驱动模块各坐标轴的控制回路开始工作,控制信号对该模块的全部轴有效。

P24/M24:提供给驱动器数字输出端的外部 DC24 V 电源输入。允许输入电压为 DC10~30 V,最大消耗电流为 2.4 A。

9/19:驱动器提供给外部的 DC24V 电源输出,最大驱动能力为 DC24 V/500 mA。

(3) X441:模拟量输出连接端。

75. A/16. A/15:第一轴驱动器内部模拟量 1、2 的输出连接端。模拟量 1 的输出端 75. A/15,常用作 CNC 的主轴模拟量输出端。输出模拟量所代表的含义可以通过驱动器参数(P0626~P0639)进行选择。

75. B/16. B/15:第 2 轴驱动器内部模拟量 1、2 的输出连接端。

(4) X411/X412:电机反馈连接端子。该连接端子一般与来自伺服电机的反馈信号直接连接,采用插头连接。

(5) X471:RS232/RS485 接口。该接口可以与外部调试用计算机的通用 RS232/RS485 接口进行连接,并可以通过 SimoComU 软件对驱动器进行调试和优化。

(6) X453/X454:速度给定与"使能信号"连接端子,在双轴驱动器中 X453/X454 用于连接第 1 驱动器与第 2 驱动器的输入/输出信号,当使用单轴驱动器时,只使用 X453。

56. A/14. A 与 56. B/14. B,24. A/20. A 与 24. B/20. B:在使用 PROFIBUS 总线接口的 611UE 系列驱动器中,不使用以上信号。

9/65. A 与 9/65. B：一般直接"短接"。

I0. A/I1. A 与 I0. B/I1. B：用于连接第 1 轴与第 2 轴的数字数量输入信号。所代表的含义可以通过驱动器参数（P0660～P0661）进行选择。

Q0. A/Q1. A 与 Q0. B/Q1. B：用于连接第 1 轴与第 2 轴的数字数量输出信号。所代表的含义可以通过驱动器参数（P0680～P0681）进行选择，Q0. A/Q1. A 常被用作主轴的正/反转输出信号。

(7) X472：TTL 编码器反馈接线端子。

(8) X423：PROFIBUS 总线接口。

模块 7 数控系统的调试

本模块共分 3 个项目,分别介绍西门子 802S、802C、802D 数控系统的调试方法和步骤,主要包括了数控系统的初始化、NC 参数的调试、PLC 参数的调试、驱动器参数的调试、数据的备份和恢复等内容。通过本模块的学习,读者应掌握西门子数控系统调试的方法,并能进行数控系统的初始化、参数调试、PLC 程序设计、数据保护和恢复等操作。

项目 7.1 802S 数控系统的调试

【知识目标】

（1）参数的类型。

（2）参数的保护级。

（3）CNC 初始化。

（4）PLC 程序的上载和下载。

（5）PLC 参数的设置。

（6）NC 参数的设置。

（7）回参考点的方式。

（8）螺距误差的测量和补偿方法。

【能力目标】

（1）能进行 CNC 初始化。

（2）能上载和下载 PLC 文件。

（3）能根据机床的现场条件,配置机床参数。

（4）能进行螺距误差的补偿与测量。

【学习重点】

参数的设置和调整。

7.1.1　参数的类型及保护级

SIEMENS 802S 的系统参数分为 2 大类：机床数据和设定数据。机床数据是用于生产、安装、调试用的数据，主要用于设定、匹配机床的主要数据；设定数据主要是数控机床在使用过程中需要设定的数据，是一些常用的用于调整数控机床使用性能的数据。

SIEMENS 802S 数控系统具有一套恢复数据区的保护级概念。保护级 0～7，其中 0 是最高级，7 是最低级。控制系统为保护级 1～3 设定了默认密码，必要时授权用户可以更改这些密码。表 7.1 为保护级说明。如果不知道密码，必须执行重新初始化，这将使所有密码恢复到该版软件的出厂设定值。

表 7.1　保护级设置

保护级	密码方式	范　围
0	—	西门子保留
1	密码：SUNRISE（默认）	专家模式
2	密码：EVENING（默认）	机床生产商
3	密码：CUSTOMER（默认）	授权用户，机床安装人员
4	没有密码及用户接口 PLC→NCK	授权操作人员，机床安装人员

经过修改的机床数据必须激活才能生效。数控系统会在数据的右边显示激活方式。激活方式的级别是通过它们的优先级来排列的。常用的激活方式有以下几种：

POWER ON(po)：重新上电，激活数据。

IMMEDIATELY(im)：输入后立即生效。

NEW_CONF(cf)：通过触发"复位信号"来激活数据。

在程序 M2/M30 的末尾使用 RESET 键复位。

7.1.2　数控系统初始化

1) 安装初始化数据

(1) 铣床初始化文件配置。

① 将机床和 PC 机断电，用数据电缆将 PC 机与机床上的 RS232 串口连接。

② 打开 802S 数控系统，进入通讯界面，选择二进制数据格式并设置通讯参数（主要包括数据格式、停止位、波特率等），然后启动数据"读入"。

③ 启动 PC，打开 WinPCIN 软件，点击"config RS232"，选择二进制数据格式（Binary Format）并设置通讯参数（接口数据必须与 802S CNC 接口数据一致）。

④ 点击 WINPCIN 软件界面上的"Send Data"发送数据，将 TOOLBOX 802SC 工具软件中的 TOOLBOX802SC/V04.02.04/Config/techmill.ini（铣床配置文件）发送到 CNC。

（2）车床初始化文件配置。802SC 出厂时系统配置为车床系统，即已装入了车床初始化文件（turning.ini），如果是车床，可不进行本操作。

（3）固定循环文件。为了增强 CNC 功能，简化编程，CNC 初始化调试时还应根据使用的机床类型，将安装有不同 SIEMEMS 标准固定循环的子程序传送到 CNC 中。固定循环文件位于 TOOLBOX 802SC 工具软件中的 TOOLBOX 802SC/V04.02.04/Cycle 文件夹，根据需要选择 turn（车床）或者 mill（铣床）子文件夹，在打开子文件夹后，将其中的文件扩展名为.spf 的全部文件传送到 CNC 系统中。

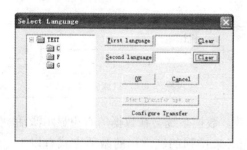

图 7.1　选择语言对话

（4）文本管理器文件。文本管理器文件包含了 802S 的显示语言和报警文本，其安装在 TOOLBOX802SC/V04.02.04/text Manager 文件夹中。安装时首先应进行显示语言的安装，选择图中的 ⓛⓜ 图标，出现选择语言对话框（见图 7.1），根据需要选择两种不同的语言，确认（OK）后，启动传输（start transfer sp *.arc），将显示语言文件发送到 CNC 中。

以上初始化数据传送时应注意以下几点：

① 数据传送前应将 CNC 的密码设定为"制造商"或者以上级别（通常为 EVENING）。

② 为防止传送时数据丢失，应是"接收"侧（CNC 侧）先进行"输入启动"，然后再进行"发送"侧（调试计算机侧）的"输出启动"。

③ 数据传送完成后，还需要通过 802S CNC 中的软功能键【诊断】→【调试】→>→【数据存储】进行初始化数据的存储。

④ 初始化数据存储结束后，还需要通过 802S CNC 中的软功能键【诊断】→【调试】→>→【调试开关】，选择"按存储的数据启动"项，使初始化数据生效。

2）安装 PLC 的标准程序

（1）启动 PLC 编程软件。PLC 编程软件（Programming Tool PLC 802）可进

行 PLC 程序的编辑、上载和下载等操作。在 Windows 的开始菜单下启动 PLC 编程软件，进入 PLC 编程软件界面，如图 7.2 所示。

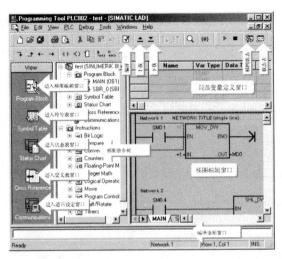

图 7.2 PLC 编程软件界面

802S 数控系统的工具盘中提供了两个 PLC 应用程序实例（一个用于车床，一个用于铣床）和一个子程序，用户可以直接使用标准程序或只需要通过少量修改即可完成系统的 PLC 编程工作。因此，通常情况下，机床的 PLC 程序都是在标准 PLC 程序的基础上经过简单修改而成的程序。

（2）PLC 程序的上载。将控制系统的 PLC 程序传输到 802S PLC 编程软件中的操作称为上载。当用户需要修改或保存 PLC 实例程序（SAMPLE）时，就必须先将实例程序（SAMPLE）上载到计算机中，具体的操作步骤如下：

① 将机床和 PC 机断电，用数据电缆将 PC 机与机床上的 RS232 串口连接。

② 打开 802S 系统，在 802S 系统中选择联机波特率（路径：诊断→调试→STEP 连接）。

③ 在 802S 系统中激活"STEP7 连接"，使其处于有效状态。

④ 启动 PC，启动 Programming Tool PLC 802 软件，在"PLC"菜单下的 Type 项中，选择 PLC Type：SINUMERIK 802SC，如图 7.3 所示，点击"确认"按钮

⑤ 双击操作界面左下方的"▇▇ 通讯"图标，进入通讯设定界面，对数据格

图 7.3 PLC 类型选择

式、停止位、波特率等进行设定（见图7.4），调试计算机中的接口数据设定与802S
系统的接口设定必须统一。

图 7.4　通讯设定界面

⑥ 双击图 7.4 中的 ，打开通讯口，如果不能正常连接，请检查通讯口号
码、波特率及所连接的线路。

⑦ 点击工具栏中的"上载"图标，进行程序的下载。

⑧ 下载完成后，计算机自动显示"下载成功"，此时，可重新启动 PLC，使程序
生效。

（3）PLC 程序的下载。将 802S PLC 编程软件中的程序传输到控制系统的操
作称为下载。将其操作步骤①～⑥与下载 PLC 程序相同，最后点击工具栏中的"
下载"图标。下载的 PLC 用户程序在控制系统下导入时从永久存储器转移至用户
存储器中，并开始生效。

7.1.3　参数调试

1）PLC 机床参数调试

在 802 系列 CNC 中，机床的 PLC 程序都是在标准 PLC 程序的基础上，经过简
单修改而成的程序。为了保证 PLC 程序与机床功能相匹配，需要对部分 PLC 参
数进行设定。系统首次上电后，出现如图 7.5 所示的报警：

这时应该设定下列 PLC 机床参数：

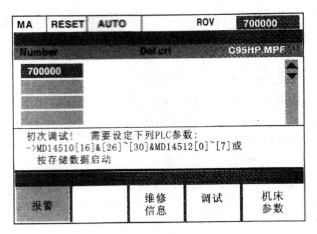

图 7.5　报警界面

① 设定机床类型参数。

MD14510[16]=0,表示车床;

MD14510[16]=1,表示铣床。

② 定义输入/输出的使能和连接逻辑(常开或常闭)。

MD14512[0]和[1]定义输入点 I0.0~I1.7 生效是否,对应位设定为"1",输入点生效。

MD14512[2]和[3]定义输入点 I0.0~I1.7 为"1"时的状态,对应位设定为"1",输入信号为 0V,PLC 内部作为"1"输入。

MD14512[4]和[5]定义输出点 Q0.0~Q1.7 生效是否,对应位设定为"1",输出点生效。

MD14512[6]和[7]定义输出点 Q0.0~Q1.7 为"1"时的状态,对应位设定为"1",PLC 的"1"信号为 0 输出。

③ 根据机床的要求设定点动操作键的布局。

MD14510[26]——X+键

MD14510[27]——X-键

MD14510[30]——Z+键

MD14510[31]——Z-键

MD14510[28]——Y+键

MD14510[29]——Y-键

④ 如果系统配置了 611 伺服驱动器,而且还没有调试,驱动器的就绪信号就不会生效,导致实例程序加入急停状态且不能推出。在调试开始时,可以将 I1.7

接高电平,或将 PLC 机床参数 MD14512[16]的第 1 位设定为"1",这样就可以退出急停。在驱动器调试完毕后,需将该参数设定为 0。

⑤ 提供 MD14512[11]定义使用的功能。

Bit7＝1——设定为"1"时,车床刀架有效。

Bit6＝1——设定为"1"时,铣床主轴换挡生效。

Bit3＝1——设定为"1"时,主轴控制生效。

Bit2＝1——设定为"1"时,卡紧放松控制。

Bit1＝1——设定为"1"时,自动润滑生效。

Bit0＝1——设定为"1"时,冷却控制生效。

然后 802S 重新上电,根据机床的实际配置,使对应参数生效,这时系统会提示输入所需的 PLC 机床参数。

⑥ 通过 MD14512[16][17][18]对系统进行技术设定。

● MD14512[16]

Bit0:0——PLC 正常运行。

　　1——调试方式,PLC 不检测馈入模块的就绪信号。

Bit1:0——无主轴命令且主轴停止后按主轴停止键取消主轴使能。

　　1——无主轴命令且主轴停止后主轴使能自动取消。

Bit2:0——带有＋/－10 V 给定的模拟主轴。

　　1——带有 0～10 V 给定的模拟主轴。

Bit3:0——MCP 上无主轴倍率开关。

　　1——MCP 上有主轴倍率开关。

Bit4/5/6:0——802S 旋转监控无效。

　　1——802S 旋转监控生效效。

● MD14512[17]

Bit0/1/2:0——返回参考点时进给倍率有效。

　　1——返回参考点时进给倍率无效。

Bit4/5/6:0——$X/Y/Z$ 轴电机无抱闸。

　　1——$X/Y/Z$ 轴电机抱闸。

● MD14512[18]

Bit1:0——子程序 40 的输入♯OPTM 无效。

　　1——子程序 40 的输入♯OPTM 有效。

Bit2:0——开机无润滑。

　　1——上电自动润滑一次。

Bit4/5/6:0——$X/Y/Z$ 每轴具有两个限位开关。

1——$X/Y/Z$ 每轴具有一个限位开关。

Bit7:0——硬限位采用 PLC 方案。

1——硬件方案。

当 PLC 机床参数设定好后,首先需要做的是调试 PLC 应用程序中的相关动作,如伺服使能、急停、硬限位,只有在所有安全功能都正确无误时,才可以进行驱动器和 NC 参数调试。

2) NC 参数的设置

(1) NC 基本参数的设置如表 7.2 所示。

表 7.2　基本 NC 参数的设置

参数类型	轴参数号	单位	轴	输入值（示例）	参数定义
驱动器	30130		X, Y, Z	0	指定 CNC 给定值输出的形式。 0:坐标轴模拟工作状态,无给定值输出; 1:标准伺服电机速度给定电压输出方式; 2:步进电机控制脉冲与方向输出方式
	30240		X, Y, Z	0	位置测量系统的信号输入形式设定 0:坐标轴模拟工作状态,无位置测量系统的信号输入; 1:指定测量系统输入为脉冲信号,并在内部进行 4 倍频; 3:步进电机驱动方式,无位置测量系统的信号输入
802S 步进电机	31020	IPR	X, Y, Z	1 000	电机每转的步数
	31400	IPR	X, Y, Z	1 000	两参数同时设置
传动系统	31030	Mm	X, Y, Z	5	丝杠螺距
	31050		X, Y, Z	40	减速箱电机端齿轮齿数
	31060		X, Y, Z	50	减速箱丝杠端齿轮齿数
各轴的相关速度	32000	mm/min	X, Y, Z	4 800	最大轴速度 G00
	32010	mm/min	X, Y, Z		点动速度
	32020	mm/min	X, Y, Z		点动速度
	32260	RPM	X, Y, Z	1 200	电机额定转速
	36200	mm/min	X, Y, Z	5 280	坐标速度极限

（续表）

参数类型	轴参数号	单位	轴	输入值（示例）	参 数 定 义
步进频率	31350	HZ	X,Y,Z	20 000	步进频率
	36300	HZ	X,Y,Z	22 000	步进频率极限
回参考点参数	34010		X	0/1	减速开关方向：0——正向；1——负向
	34020	mm/min	X	2 000	寻找减速开关速度 V_C
	34040	mm/min	X	300	寻找零脉冲速度 V_M
	34060	mm	X	200	寻找接近开关的最大距离
	34070	mm/min	X	200	参考点定位速度 V_P
	34080	mm	X	-2	零脉冲后的位移（带方向）R_V
	34100	mm	X	0	参考点位置值 R_K
坐标的软限位及方向间隙补偿	36100	mm	X,Y,Z	-1	轴负向软限位值
	36100	mm	X,Y,Z	200	轴正向软限位值
	32450	Mm	X,Y,Z	0.024	反向间隙
主轴参数调试	30130		主轴	1	0——无模拟量输出；1——有 ±10 V 模拟量输出
	30200		主轴	1	主轴编码器个数
	30240		主轴	2	标准编码器
	31020	IPR	主轴	1 024	编码器每转脉冲数
	32260	PRM	主轴	3 000	主轴额定转速
	36200	PRM	主轴	3 300	最大轴监控速度
	36300	HZ	主轴	55 000	编码器极限频率

（2）回参考点方式。由于步进电机本身不能产生编码器的零脉冲，对于 802S 可采用双开关和单开关两种方式返回参考点的配置。

① 双开关方式：在坐标轴上有减速开关，在丝杠有一接近开关（丝杠每转产生一个脉冲），减速开关接到 PLC 的输入位，接近开关接到系统的高速输入口 X20，如图 7.6 所示。该方式可高速寻找减速开关，然后低速寻找接近开关，返回参考点的速度快且精度高，且接近开关还可用作旋转监控。

在双开关方式中，回参考点的动作可设置为以下 2 种情况：

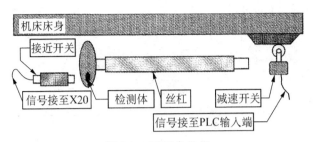

图 7.6　双开关方式

● 接近开关脉冲在减速开关之前（MD34050＝0）（见图 7.7）。
● 接近开关脉冲在减速开关之后（MD34050＝1）（见图 7.8）。

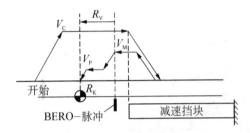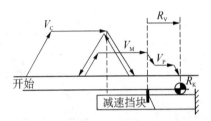

图 7.7　接近开关脉冲在减速开关之前　　　图 7.8　接近开关脉冲在减速开关之后

　② 单开关方式：在坐标轴上有一接近开关（见图 7.9）。该方式只能设定一个返回参考点速度。返回参考点的速度与接近开关的品质及设定的返回参考点速度有关。

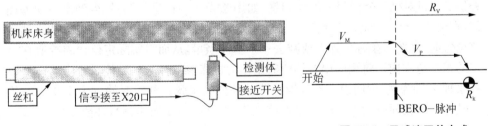

图 7.9　单开关方式　　　　　　　图 7.10　无减速开关方式

　在无减速开关的方式中（34000＝0），回参考点的动作如图 7.10 所示。
　（3）接近开关采样参数。系统在返回参考点时有 2 种采样接近开关的方式。
　① 系统采样接近开关的上升沿，以上升沿的有效电平点作为参考点脉冲（34200＝2），如图 7.11 所示。

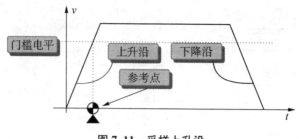

图 7.11　采样上升沿

② 系统在采样完上升沿后,系统控制坐标继续运动,记录上升沿参考脉冲后的运动距离,同时采样接近开关的下降沿,在采样到下降沿后计算两沿的中点以此作为坐标的参考点(34200=4),如图 7.12 所示。

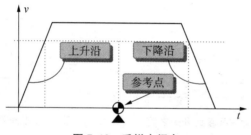

图 7.12　采样中间点

7.1.4　丝杠螺距误差补偿设置

丝杠螺距误差是在丝杠制造和装配过程中产生的,呈规律性的变化。位置误差补偿是通过对机床全行程的离线测量,如用激光测距仪进行测量,得到定位误差曲线,在误差达到一个脉冲当量的位置处设定正或负的补偿值,当机床坐标轴运动到该位置时,系统将坐标值加上或减去一个脉冲当量,从而将实际定位误差控制在一定的精度范围内。将测的误差补偿数据作为机床参数存入到数控系统中。下面以补偿轴 Z 轴为例,说明设定丝杠螺距误差补偿的步骤。补偿起始点为 100 mm(绝对坐标),补偿间隔为 100 mm,补偿终点为 1 200 mm(绝对坐标),补偿点数为 12。

1) 设定各轴的螺距补偿轴的补偿点数

设定 MD38000=12,即 Z 轴螺距补偿点数为 12。该参数设定后,系统在下一次上电时将对系统内存进行重新分配,用户信息如零件程序,固定循环,刀具参数等会被清除,所以在设定该参数之前应将用户信息保存到计算机中。

2) 绘制误差曲线图

光测距仪测出各插补点位置处的误差值,并画出误差曲线图,如图 7.13 所示。

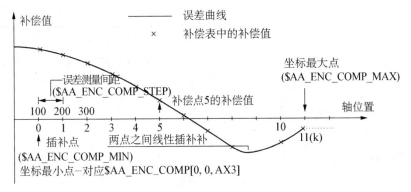

图 7.13　误差曲线图

3）输入螺距误差补偿文件

工具盒中的 WINPCIN 通讯工具软件，将螺距补偿文件读到计算机中，可以采用两种方法输入补偿值，如表 7.3 所示。

表 7.3　螺距误差补偿输入方法

方法一： （1）进入通讯画面，选择数据……选择丝杠误差补偿，将该数组由 802S 传入计算机 （2）在计算机上编辑该文件，将测量得到的误差值写入数组中的对应位置 （3）然后将该文件传回 802S 中	方法二： （1）螺距补偿数组由 802S 传入计算机 （2）在计算机上编辑该文件，改变文件头，使其称为加工程序；然后传回 802S （3）利用 802S 的编辑功能直接在操作面板上输入补偿值 （4）启动运行该程序。（补偿值即输入到系统中）
%_N_COMPLETE_EEC_INI	%_N_BUCHANG_MPF； $PATH=/_N_MPF_DIR
$AA_ENC_COMP[0, 0, AX3]=0.0	$AA_ENC_COMP[0, 0, AX3]=0.0
$AA_ENC_COMP[0, 1, AX3]=0.02	$AA_ENC_COMP[0, 1, AX3]=0.02
$AA_ENC_COMP[0, 2, AX3]=0.015	$AA_ENC_COMP[0, 2, AX3]=0.015
$AA_ENC_COMP[0, 3, AX3]=0.014	$AA_ENC_COMP[0, 3, AX3]=0.014
$AA_ENC_COMP[0, 4, AX3]=0.011	$AA_ENC_COMP[0, 4, AX3]=0.011
$AA_ENC_COMP[05, AX3]=0.009	$AA_ENC_COMP[05, AX3]=0.009
$AA_ENC_COMP[0, 6, AX3]=0.004	$AA_ENC_COMP[0, 6, AX3]=0.004
$AA_ENC_COMP[0, 7, AX3]=0.010	$AA_ENC_COMP[0, 7, AX3]=0.010
$AA_ENC_COMP[0, 8, AX3]=0.013	$AA_ENC_COMP[0, 8, AX3]=0.013

（续表）

$AA_ENC_COMP[0, 9, AX3]=0.015	$AA_ENC_COMP[0, 9, AX3]=0.015
$AA_ENC_COMP[0, 10, AX3]=0.009	$AA_ENC_COMP[0, 10, AX3]=0.009
$AA_ENC_COMP[0, 11, AX3]=0.004	$AA_ENC_COMP[0, 11, AX3]=0.004
$AA_ENC_COMP_STEP[0, AX3]=100.0	$AA_ENC_COMP_STEP[0, AX3]=100.0
$AA_ENC_COMP_MIN[0, AX3]=100.0	$AA_ENC_COMP_MIN[0, AX3]=100.0
$AA_ENC_COMP_MAX[0, AX3]=1 200.0	$AA_ENC_COMP_MAX[0, AX3]=1 200.0
M17	M02

4）设置参数，激活螺距误差补偿功能

设置 MD32700＝1 时，螺距补偿生效，802S 内部补偿值文件自动进入写保护状态。如果需要修改补偿值，必须先修改补偿文件，并且设定 MD32700＝0。

5）系统再次上电，螺补功能设定完毕

螺距误差补偿必须在返回参考点后才生效。

项目 7.2　802C 数控系统的调试

【知识目标】

（1）参数的调试。

（2）PLC 程序的设计方法。

【能力目标】

（1）能进行 NC 参数的调试。

（2）能进行简单 PLC 程序的设计。

【学习重点】

PLC 程序的设计。

7.2.1　参数的调试

1）模拟和伺服驱动的机床数据

系统出厂时设定各轴均为模拟轴（MD30130＝0 和 MD30240＝0），即系统不产生指令输出给驱动器，也不读电动机的位置信号。设置机床数据 MD30130＝1 和 MD30240＝1，激活该轴的位置控制器，使坐标轴进入正常工作状态。

2）编码器与坐标轴和主轴的匹配

用于匹配编码器的机床数据如表 7.4 所示。

表 7.4　用于匹配编码器的机床数据

MD	数据名	说　明	备　注	
31040	END_IS_DIRECT	编码器直接安装到机床上	0	1
31020	ENC_RESOL	每转编码器线数	线/转	线/转
31080	DRIVE_END_RATIO_NUMERA	减速箱解算器分子	电机转数	丝杠转数
31070	DRIVE_ENC_RATIO_DENOM	减速箱解算器分母	编码器转数	编码器转数
31050	DRIVE_AX_RATIO_DENUM[0…5]	齿轮箱分子	电机转数	电机转数
31060	DRIVE_AX_RATIO_NUMERA[0…5]	齿轮箱分母	丝杠转数	丝杠转数

参数的序号[0]只对进给轴有效，序号[1]～[5]对应于主轴的 5 个档位，也就是说，进给轴只要设定序号为[0]的分子和分母，主轴则需要设定序号为[1]～[5]的分子和分母。当机械配比参数设定完毕后，数控系统发出的手动或零件程序等移动控制指令应与实际位置相吻合。

【例 1】　方波脉冲编码器（500 个脉冲）直接安装在主轴上，内部倍频为 4，内部计算精度达 1 000 增量/度。

（1）编码器直接安装在主轴上：MD31080＝1，MD31070＝1；

（2）脉冲编码器为 500 脉冲/转：MD31020＝500；

（3）内部分辨率 $= \dfrac{360}{MD31020 \times 4} \times \dfrac{MD31080}{MD31070} \times 1\,000 = \dfrac{360 \times 1 \times 1\,000}{500 \times 4 \times 1} = 180$。

（4）一个编码器脉冲等于 180 个内部增量，也就是 0.18°。

【例 2】　旋转编码器（2 048 个脉冲）安装在电机上，内部倍频＝4，电机端齿轮齿数/主轴端齿轮齿数＝2.5/1。

（1）根据题意：MD30180＝1，MD31070＝1，MD31060＝2.5，MD31050＝1；

（2）编码器转数为 2 048 脉冲/转：MD31020＝2 048；

（3）内部分辨率 $= \dfrac{360}{MD31020 \times 4} \times \dfrac{MD31080}{MD31070} \times \dfrac{MD31050}{MD31060} \times 1\,000 =$

$\dfrac{360 \times 1 \times 1 \times 1\,000}{4\,028 \times 4 \times 1 \times 2.5} = 17.578\,1$。

（4）一个编码器脉冲等于 17.578 1 个内部增量，也就是 0.017 578 1°。

3）进给轴机床数据的设定

当伺服电机进给轴连接好后，需要设定以下数据（见表 7.5）。

表 7.5 进给轴机床数据

MD	说　明	单　位
30130	给定值输出类型	
30240	实际值类型:0——模拟、2——外部编码器	
31020	编码器线数	脉冲/转
31030	丝杠螺距	
32000	最大值速率	mm/min
32250	伺服增益系数	
32260	电机额定转速	rpm

【例3】 某一进给轴,编码器为 2 500 脉冲/转,传动比为 1∶1,丝杠螺距为 10 mm,电机转速为 1 200 r/min。进给轴数据的设定如下:

MD30130＝1;

MD30240＝2;

MD31020＝2 500;

MD32250＝80%;

MD32260＝1 200;

MD32000＝12 000;

4) 伺服增益的设定

根据特殊的机械条件,必须调整伺服增益,增益过高会导致振动,过低会导致错误。伺服增益的设定机床参数号为 MD32200(POSCTRL_GAIN),单位为 m/min,若 MD32200＝1 时,其含义为当速率为 1 m/min 时的误差为 1 mm。

5) 螺纹 G3311/G332 的动态调整

用于功能 G331/G332 螺纹插补的主轴和相关进给轴的动态相应可通过控制环来调整。通常,考虑 Z 轴,该轴要与主轴的惯性一起调整,相应的机床数据如表 7.6 所示。

表 7.6 动态调整参数

MD	说　明	单　位
32900	动态相应调整	
32910	动态调整时间常数	s

主轴的动态数值作为闭环增益存放在机床参数 MD32200[n]中,与之相匹配的进给轴的数值应输入到 MD32910[n]中,两者的满足以下关系:

$$MD32910 = \left(\frac{1}{K_V[n]_{主轴}} - \frac{1}{K_V[n]_{进给轴}} \right) \times \frac{1\,000}{60}$$

【例 4】 主轴 K_V：MD32200 POSCTRL_GAIN[1]＝0.5；进给轴 Z：K_V＝2.5；用搜索功能输入 Z 的机床数据 MD32910：

$$MD32910 = \left(\frac{1}{K_V[n]_{主轴}} - \frac{1}{K_V[n]_{进给轴}} \right) \times \frac{60}{1\,000}$$

$$= \left(\frac{1}{0.5} - \frac{1}{2.5} \right) \times \frac{60}{1\,000} = 0.096\,0\ s$$

当运行进给轴(如 Z 轴)和主轴时,有关 MD32200 的确切值将出现在服务显示上,此时 MD32900 必须设定为 1,调整才生效。

6) 齿轮间隙

由机械间隙造成的轴运动误差可以通过齿隙补偿值 MD32450(BACKLASH)来纠正每次改变运动方向时的轴相关的实际值。在回完参考点后,所有工作方式中齿隙调整将生效。

7) 主轴参数

在 802C 中主轴功能是整个坐标轴功能的一个部分,所以主轴机床数据可以在坐标轴机床(MD35000 起)中查找。主轴机床数据中每个齿轮级可以对应输入一组参数,选择参数时,参数组要与当前的齿轮级一致。每个齿轮级都有该档的最高速度、最低速度和该档的速度限制,对应的设定数据如表 7.7 所示。

表 7.7 主轴参数

机床数据	说　明	缺省值
43210	可编程的主轴速度极限值	0
43220	可编程的主轴速度极限值	1 000
43230	G96 主轴速度极限值	100

说明:802C 数控系统参数的类型及保护级参见 7.1.1 节。

802C 数控系统初始化的步骤参见 7.1.2 节(初始化文件不一样)。

802C PLC 参数的调试参见 7.1.3 节。

802C 设定丝杠螺距误差补偿参见 7.1.4 节。

7.2.2 PLC 实用程序设计

1) 数据块与信号接口的对应关系

作为数控系统的重要组成部分,系统内嵌的 PLC 采用接口变量 V 及相应的数据位的形式与 NCK、HMI 和 MCP 进行控制和状态信息的传递,并按照系统的工作状态和用户编写的控制程序完成机床逻辑控制任务,PLC、NCK、HMI、MCP 相互间信息传递的路径和方向如图 7.14 所示。

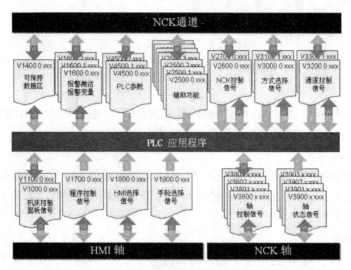

图 7.14   数据块与信号接口的对应图

数控系统与 PLC 主要接口信号简要说明如表 7.8 所示。

表 7.8   数控系统与 PLC 主要接口信号说明

序号	变量地址范围	信息传送方向	传送主要内容
1	V10000000~V10000008	MCP→PLC	将来自 MCP 上按键信号以数据位的形式送至 PLC,包括系统控制方式选择键,NC 控制键、各轴点动控制键、倍率开关等信号
2	V11000000~V10000007	PLC→MCP	将 PLC 已确认的 MCP 按键信号(除倍率开关外)返回给 MCP
3	V16000000~V16000007	PLC→HMI	将 PLC 程序所触发的用户报警号送至 HMI,再由 HMI 根据已编号并下载到数控系统的报警信息显示出来
4	V16002000	HMI→PLC	HMI 将 NC 不能启动、系统急停等重要的有效报警相应送至 PLC
5	V17000000~V17000003	HMI→PLC	将用户在 HMI 上选择的程序空运行、程序测试、程序跳段、快速进给倍率生效等状态信号送至 PLC

（续表）

序号	变量地址范围	信息传送方向	传送主要内容
6	V25001000～V25001012	NCK→PLC	将 NC 程序得出的辅助功能 M 信号送至 PLC,包括 M0～M99
7	V30000000～V30000002	PLC→NCK	将 PLC 已确认的控制方式信号送至 NCK,包括 AUTO、手动、MDA 控制方式等
8	V31000000～V31000001	NCK→PLC	将 NCK 确认的系统控制方式有效信号返回 PLC

数控系统内置的 PLC 有一些特定的变量位,即 NC 与 PLC 的通讯接口信号,通过机床数据可实现对外围输入与输出信号的控制。表 7.9 为通用机床数据 MD14510(MD 14510 USER_DATA _INT)与 MD14512(MD 14512 USER_DATA _HEX)变量的对应关系。

表 7.9　MD14510 和 MD14512 对应的接口数据

机床数据	接口数据	数据值
MD14510	45000000	整数型(word/2 byte)
MD14512	45001000	十六进制(hex/ 1 byte)

【例 5】　MD14510 与 MD14512 的应用实例(见图 7.15)。

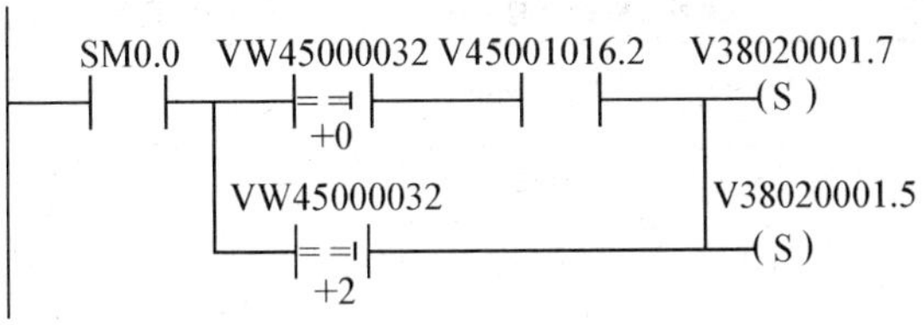

图 7.15　应用举例

图 7.15 中 VW45000032 为 MD14510[32],V45001016.2 为 MD14512[16]的第 2 位。第一行的意思:MD14512[32]为"0",且 MD14512[16]的 bit2 为"1"时,倍率开关及第三轴生效,V3802001.7 被置位,同时激活该轴测量系统 V38020001.5。第二行的意思:MD14512[32]为 2 时,倍率开关第三轴生效,V38020001.7 被置位,同时激活该轴的测量系统 V38020001.5。

【例 6】　冷却 PLC 程序。

2）主程序分析

图 7.16 为主程序调用冷却控制的子程序段,从图 7.16 中可以看到:满足条件 SM0.1 为"0"以及 V45001011.0 为"1"时,子程序 COOLING 被调用。其中SM0.1 为 PLC 启动时第一个周期标志脉冲。V45001011.0 为机床数据 14512[11]的第 0 位,程序中用此机床数据来选择有无冷却控制。其中 V10000000.5 为数控系统 K5 的按键地址,V11000000.5 为数控系统 K5 的按键灯的地址,SM0.0 为常 1 标志,M102.2 为 PLC 输出地址。M127.7 为 PLC 的报警信号。

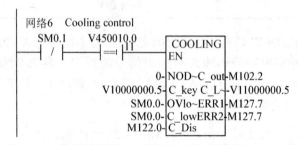

图 7.16 主程序调用冷却控制的子程序段

3）子程序结构分析

表 7.10 为 COOLING 子程序相对于主程序中的中间变量,各个标志对应着各个变量,例如,L2.0 相对于主程序中的 V10000000.5(K5 键),L2.4 相对于主程序中的 M102.2(输出信号)。

表 7.10 COOLING 子程序相对于主程序中的中间变量

	名称	变量类型	数据类型	注 释
	EN	IN	BOOL	
LWO	NODEF	IN	WORD	
L2.0	C_key	IN	BOOL	The switch key (holding signal)
L2.1	OVload	IN	BOOL	Cooling motor overload (NC)
L2.2	C_low	IN	BOOL	Coolant level low (NC)
L2.3	C_Dis	IN	BOOL	Condition for Cooling output disable (NO)
		IN		
		IN_OUT		
L2.4	C_out	OUT	BOOL	Cooling control output

（续表）

	名称	变量类型	数据类型	注　　释
L2.5	C_LED	OUT	BOOL	Cooling output status display
L2.6	ERR1	OUT	BOOL	Alarm for cooling pump overload
L2.7	ERR2	OUT	BOOL	Alarm for coolant low level
		OUT		
		TEXP		

　　冷却子程序设计如图 7.17 所示,整个子程序完成 NC 系统对冷却系统的手动与自动的全过程程序控制,其中第一段程序完成了冷却输出标志的逻辑控制。手动控制键中间变量 L2.0 的第一次按下,程序控制指令 M07、M08 将对中间标志位 M105.2。L2.0 第二次按下,程序控制指令同 M09 将对中间标志位 M105.2 完成复位操作。

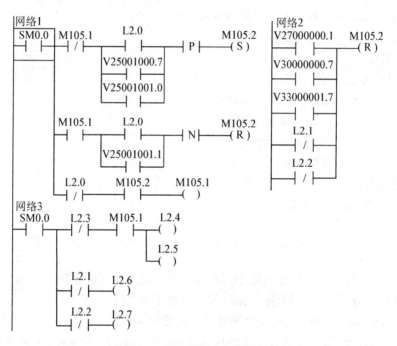

图 7.17　冷却子程序设计梯形图

　　第二段程序表示当外界出现诸如急停、复位、程序测试、冷却电机过载报警时,M105.2 将被强行复位,中止冷却输出。

第三段程序为信号的输出控制,M105.1 和使能 L2.3 控制冷却输出 L2.4 和 L2.5,中间变量 L2.1 和 L2.2 分别控制冷却电机的报警信号。

这样,我们在主程序里将中间变量用具体 I/O 地址或标志位取代,即可获得我们所要求的冷却控制全过程。

项目 7.3　802D 数控系统的调试

【知识目标】

(1) 802D 数控系统初始化的方法。

(2) 802D 数控系统的 PLC 调试步骤。

(3) PROFIBUS 总线配置及驱动器定位的方法。

(4) NC 参数调试的步骤。

(5) SimoComU 软件设定 SIMODRIVE 611UE 伺服驱动器的方法。

(6) PLC 用户报警文本设计的方法。

(7) 数据备份和恢复的方法。

【能力目标】

(1) 能进行数控系统的初始化。

(2) 能进行数控系统的参数调试。

(3) 能进行 611UE 驱动器的设定。

(4) 能编写 PLC 报警文本。

(5) 能进行数据的备份和恢复。

【学习重点】

611UE 驱动器的设定。

7.3.1　数控系统的初始化

SINUMERIK 802D 工具箱中具有以下初始化文件可供选择:

(1) setup_T. cnf:具有完整循环软件包的车床系统。

(2) Setup_M. cnf:具有完整循环软件包的铣床系统。

(3) setTra_T. cnf:具有完整循环软件包和功能传输,Tracy1,主轴 IC 轴和第 2 主轴的车床系统。

(4) trafo_T. ini:具有完整循环软件包和功能传输,Tracy1,主轴 IC 轴和第 2 主轴的车床系统。

（5）trafo_T. ini：用于功能 Tracyl 的机床数据——铣床系统

（6）adi4. ini：用于设定模拟点输出的机床数据。

利用 WINPCIN 软件将数控系统所需要的初始化文件下载到 802D 数控系统中，具体操作步骤如下：

（1）在 802D 机床端，同时按 Alt＋N 键，出现调试画面，按【调试】软键，选择"缺省值启动"项，按【确认】软键后，机床系统重启，重启后，会出现"700016 User alarm 17"报警。

（2）在调试画面，设定口令，输入"sunrise"，按【确认】软键。

（3）设置 RS232 接口属性，采用"二进制"形式，按【存储】软键。

（4）在电脑上，打开 WINPCIN 软件，选择"Binary Format"二进制格式，在安装目录下找到初始化文件，选择该文件打开。

（5）在机床端按【确认】按钮，传输结束后，系统重新上电，启动完成后出现机床画面，初始化成功。

7.3.2　数控系统的 PLC 调试

利用 802D 数控系统工具盒中的 PLC 编程工具 Programming Tool PLC 802 软件将 PLC 应用程序下载到数控系统中。下载成功后，需要启动 PLC 应用程序。可利用监控梯形图状态、监控内部地址的状态或利用"交叉引用表"来检查是否有地址冲突。

在调试急停处理子程序时，由于此时驱动器尚未进入正常工作状态，故不能提供"就绪信号"（电源馈入模块的端子 71 和 73.1 不能闭合），因此急停不能正常退出。可设定 PLC 参数 MD14512[16]bit0＝1，或将端子 72 和 73.1 短接，急停即可正常退出。在调试完毕后必须设置参数 MD14512[16]bit0＝0，或将端子 72 和 73.1 之间的短接线去掉。

7.3.3　PROFIBUS 总线配置及驱动器定位

1）总线参数配置

SIEMENS 802D 数控系统是通过 PROFIBUS 总线和外设模块进行通信的，PROFIBUS 总线参数的配置是通过 MD11240（PROFIBUS_SDB_NUMBER）来确定。目前，可提供的总线配置有：

MD11240＝0：PP72/48 模块：1＋1，驱动器：无。

MD11240＝3：PP72/48 模块：1＋1，驱动器：双轴＋单轴＋单轴。

MD11240＝4：PP72/48 模块：1＋1，驱动器：双轴＋双轴＋单轴。

MD11240＝5：PP72/48 模块：1＋1，驱动器：单轴＋双轴＋单轴＋单轴。

MD11240＝6：PP72/48 模块：1＋1,驱动器：单轴＋单轴＋单轴＋单轴。

该参数生效后,611UE 液晶窗口显示的驱动报警应为"A832(总线无同步)";611UE 总线接口插件上的指示灯变为绿色,若该指示灯仍为红色,请检查总线的连接。

2) 驱动器模块定位

数控系统与驱动器之间通过总线连接,系统根据下列参数与驱动器建立物理联系,如表 7.11 所示。

表 7.11　驱动器模块参数设定

MD11240	PB 节点 DP(从站)	PB 地址	驱动器号
3	PP 模块 1	9	—
	PP 模块 2	8	—
	单轴功率模块	10	5
	单轴功率模块	11	6
	双轴 A	12	1
	双轴 B	12	2
4	PP 模块 1	9	—
	PP 模块 2	8	—
	单轴功率模块	10	5
	双轴 A	12	1
	双轴 B	13	2
	双轴 A	13	3
	双轴 B	13	4
5	PP 模块 1	9	—
	PP 模块 2	8	—
	单轴功率模块	20	1
	单轴功率模块	21	2
	双轴 A	13	3
	双轴 B	13	4
	单轴功率模块	10	5

（续表）

MD11240	PB 节点 DP(从站)	PB 地址	驱动器号
	PP 模块 1	9	—
	PP 模块 2	8	—
6	单轴功率模块	20	1
	单轴功率模块	21	2
	单轴功率模块	22	3
	单轴功率模块	10	5

【例 1】　车床带有一个 PP 模块，一个双轴功率模块(X 和 Z 轴)和一个单轴功率模块作主轴。PROFIBUS 地址和驱动器号的设置如表 7.12 所示。

表 7.12　参数设置

MD11240	PB 节点(从站)	PB 地址	驱动器号
	PP 模块 1	9	—
	PP 模块 2	8	—
3	单轴功率模块	10	5
	双轴 A	12	1
	双轴 B		2

【例 2】　铣床带有 PP 模块，两个单轴功率模块(X 和 Z 轴)，一个双轴功率模块(Y 和 C 轴)和一个单轴功率模块作主轴，PROFIBUS 地址和驱动器号的设置如表 7.13 所示。

表 7.13　参数设置

MD11240	PB 节点(从站)	PB 地址	驱动器号
	PP 模块 1	9	—
	PP 模块 2	8	—
	单轴功率模块	20	1
	单轴功率模块	21	2
5	双轴 A	13	3
	双轴 B		4
	单轴功率模块	10	5

7.3.4　参数调试

1）驱动器号和 PROFIBUS 地址的设定

根据总线配置 MD11240 的设定,设置驱动器号 MD30110 和 MD30220。

根据总线配置 MD11240 的设定,通过 SimocomU 软件设定驱动器的 PROFIBUS 地址(见 7.3.5 节)。对于没有使用到的轴,应设置 MD2007 参数,如第 5 根轴没有使用到,则 MD20070＝0,这样 NC 配置中就没有该轴了。

2）进给轴机床数据的缺省设定

MD31030:螺杆螺距。

MD31050:减速箱电机端齿轮齿数。

MD31060:减速箱丝杠端齿轮齿数。

MD32000:最大轴速。

MD32300:轴的最大加速度。

MD34200:编码器模式。

MD36200:最大轴监控速度(1.15×MD32000)。

【例3】　有一传动机构(见图7.18),电机带有增量编码器,齿轮比为 1∶2,螺杆螺距为 5 mm,最大轴速度为 12 m/min,最大轴加速度为 1.5 m/s²。机床数据设定如下:

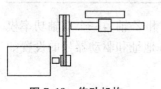

图 7.18　传动机构

MD30130＝5;

MD30150＝1;

MD30160＝2;

MD32000＝12 000;

MD32300＝1.5;

MD36200＝13 200;

3）主轴机床数据的缺省设定

在 802D 中主轴功能是整个坐标功能的一个部分,所以主轴机床数据可以在坐标轴机床数据 MD35000 中查找。因此,在主轴调试时也必须同样输入机床数据。

MD30200:编码器个数。

MD35100:最大主轴速度。

MD35130:齿轮换挡最大速度。

MD35200:开环速度控制模式下的加速度。

MD36200:最大轴监控速度。

【例 4】　图 7.19 为一主轴传动机构,电动机中装有主轴实际值编码器,采用数字主轴驱动器(PROFIBUS),齿轮比为 1∶2,最大主轴速度为 9 000 r/min,最大主轴加速度为 60 rev/s²。主轴机床数据设定如下:

MD31050＝1;

MD30160＝2;

MD35100＝9 000;

MD35130＝9 000;

MD35200＝60;

MD36200＝9 900;

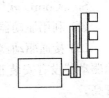

图 7.19　主轴传动机构

【例 5】　图 7.20 为主轴传动机构,采用数字主轴驱动器,主轴实际值编码器(TTL)直接与驱动器连接,编码器为 2 500 脉冲/转,分解器齿轮传输比为 1∶3。

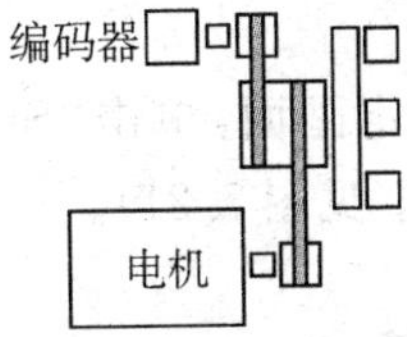

编码器

电机

图 7.20　主轴传动机构

MD13060[4]＝104;

MD30230＝2;

MD31020＝2 500;

MD31040＝1;

MD31070＝3;

MD31080＝1;

MD32110＝0;

P890＝4;P922＝104;

(1) 将编码器与 611UE 闭环控制模块的 X472 连接。

(2) 将主轴的信息传输结构类型(MD13060 DRIVE_TELEGRAM_TYPE)设置成 104。

(3) 将主轴的编码器输入值(MD30230 ENC_INPUT_NR)设置成第二编码器。

(4) 设置每转编码器线数(MD31020 ENC_RESOL)。

(5) 将齿轮箱参数化

MD31070 DRIVE_RATIO_DENOM:编码器转数。

MD31080 DRIVE_ENC_RATIO_NUMERA:负载转数。

MD31040 ENC_IS_DIRECT:0-主轴编码器安装在电动机末端;

1-主轴编码器直接安装在负载一侧。

(6) 设置编码器的实际符号值(MD 32110 ENC_FEEDBACK_POL)。

(7) 设置驱动器的参数(SimocomU)

P890 激活编码器接口＝4。

P922 PROFIBUS 信息传输结构＝104。

保存后,接通电源。

7.3.5 SimoComU 软件设定 SIMODRIVE 611UE 伺服驱动器

SimoComU 软件设定 SIMODRIVE 611UE 伺服驱动器的操作步骤如下:

(1) 利用驱动器调试电缆,将计算机与 611U 驱动器的 X471 接口连接。

(2) 接通驱动器电源,此时 611U 显示器的状态显示为"A1106",这一显示表示驱动器没有安装正确的数据;同时驱动器上 R/F 红灯、总线接口模块上的红灯亮。

(3) 启动 SimoComU 软件。

(4) 在计算机侧选择驱动器与计算机的联机方式(点击 Search for online drive... 标签)。

(5) 进入联机画面后,计算机自动进入参数设定画面(start drive configuration wizard...)。

(6) 配置电机参数:进入联机画面后,自动进入参数设定画面,单击"Start drive configuration wizard..."按钮,进入"驱动器配置"对话框(见图 7.21)。

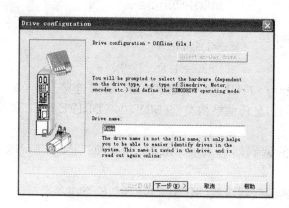

图 7.21 驱动器配置

(7) 点击"下一步"按钮,进入"驱动器模块类型选择"对话框(见图 7.22),根据模块的类型与安装位置,输入 PROFIBUS 总线地址,选择完成点击"下一步"按钮。

(8) 进入"电机型号选择"对话框(见图 7.23),根据实际驱动所带电机型号进行选择,型号中有 X 符号的为这一位可任意,其余的必须相符,不能选择错误。在查找框内输入信息可快速查找到相应的电机型号。选择完成点击下一步按钮。

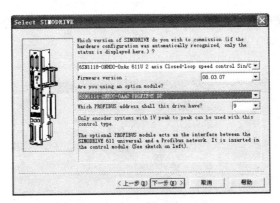

图 7.22 驱动器模块类型选择

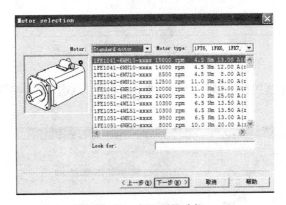

图 7.23 电机型号选择

（9）进入测量系统（编码器）选择对话框（见图 7.24），根据所带电机实际情况进行选择，选择完成点击"下一步"按钮。

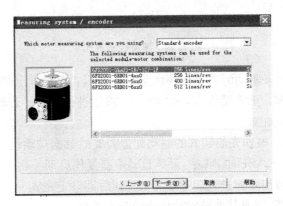

图 7.24 测量系统（编码器）选择

（10）进入"操作模式选择"对话框（见图 7.25），在数控上应用都必须选择转速/力矩额定值选项。选择完成后点击"下一步"按钮。

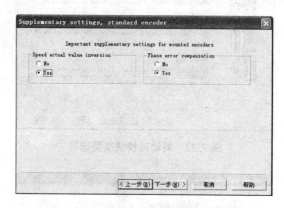

图 7.25　操作模式选择

（11）进入"速度控制方式"对话框（见图 7.26），点击"下一步"按钮。

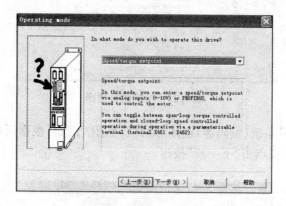

图 7.26　速度控制方式

（12）进入"结束驱动配置"对话框（见图 7.27），在对话框上部会显示出先前驱动配置所选的数据。如有错误点，击"上一步"按钮进行修改。若输入均正确后，选择接受该轴驱动器配置。

（13）驱动器会根据先前输入的驱动配置需要的数据自动计算调节器数据，并保存在驱动器的 FLASHROM 中，最后自动重新复位启动一次。在这期间会有一对话框显示驱动器初始化进度。重新启动完成后即设定完成。

重复以上步骤，完成其他轴的初始化设定与调整。

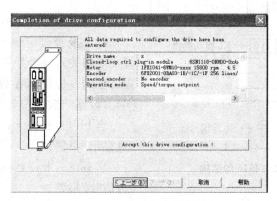

图 7.27　结束驱动配置

7.3.6　PLC 用户报警文本的设计

SINUMERIK 802D 报警系统提供了 64 个 PLC 用户报警。每个报警对应一个报警变量,每个报警对应一个设定报警属性的机床参数 MD14516。

1) 报警的属性

(1) 报警清除条件。每个报警都需要定义其清除标准,PLC 使用自清除标准作为缺省标准。缺省标准是:

① 上电清除:在报警条件取消后,需重新上电方可清除标准。

② 清除键清除:在报警条件取消后,按"删除"或"复位"键可清除该类报警。

③ 自清除:在报警条件取消后,报警自动清除。

(2) 报警响应。在 PLC 中对应于每个报警都要定义所需的报警响应。可选择的报警有:

① PLC 停止:用户程序停止,取消 NC Ready 信号。禁止所有硬件输出。

② 急停:报警自动激活接口信号"急停"。

③ 进给保持:报警自动激活接口信号"进给保持"。

④ 读入禁止:报警自动激活接口信号"读入禁止"。

⑤ 启动禁止:报警自动激活接口信号"启动禁止"。

⑥ 只显示:报警无动作,只显示报警号和文本。

2) 激活用户报警

系统为用户提供了 64 个 PLC 用户报警。每个用户报警对应一个 NCK 的地址位 V16000000.0～V16000007.7 分别对应于 700000～700007 号报警。该地址位置位("1")可激活对应的报警,复位("0")则清除报警。每个报警还对应一个 64 位的报警变量:VD16001000 到 VD16001252。变量中的内容或值可以按照报警文本定

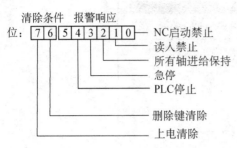

图 7.28 MD14516 的结构

义的数据类型插入显示的报警文本中。

每个报警对应一个报警变量（与报警文本相关），每个报警对应一个设定报警属性的 8 位机床参数 MD14516[0]～[64]，数据结构如图 7.28 所示。

当 bit0 — bit5 = 0 时，表示报警为"只显示"报警；

当 bit6 — bit7 = 0 时，表示报警为"自清除"报警。

3）制作 PLC 用户报警文件

报警文本是指导操作人员处理报警的重要信息。802D 的工具盒中提供了报警文本的制作工具-文本管理器"Text Manager"。文本管理器主要包含了显示语言与报警文本，安装前应先进行语言的安装。在 Windows 的开始菜单下启动文本管理器"Text Manager"，进入文本管理器的操作界面，其主画面如图 7.29 所示。

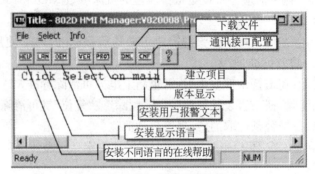

图 7.29 文本管理器画面

制作报警文本的过程如下：

（1）从 Windows 的开始中找到文本管理器 TextManager，并启动。

（2）建立一个新的项目（如 CK6140），并选择所需的语言，英文为第一语言，中文为第二语言。

（3）在文本编辑器中编辑报警文本文件"alcu. txt"（该文件位于：安装根目录 V040204/projects/CK6140/text/c/alcu. txt），在引号内写入报警时要提示的重要信息。每个报警文本最多 50 个字符（25 个汉字）。不足 50 个字符的应在引号中增加空格。例如：

700001　0　0　"用户报警 2"

700002　0　0　"X＋点动键没有定义，请检查 PLC 机床参数 MD14510[26]

取值范围:22～30,除 26 以外"

（4）在 TextManger 窗口中选择 OEM,进入"select OEM"画面(见图 7.30)。在中文报警目录 C 下的 alcu. txt 文件中,选择"Second Language"项;在英文报警选择目录 G 下的 alcu. txt 文件中,选择 First Language 项;选择 Make Archive 项。

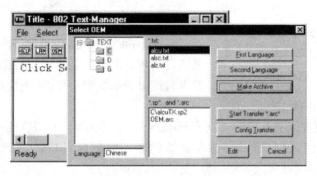

图 7.30　OEM 画面

① 利用 Config Transfer 配置通讯参数,选择二进制方式和合适的波特率等。

② 802D 的通讯设定为二进制和对应的波特率后"启动输入"。

③ 文本管理器上选择 Start Transfer* . arc* ,报警文本即开始传入 802D 中。

④ 802D 屏幕上提示"读数据启动",按软菜单键"确认"后,传输继续进行。

7.3.7　数据的备份和保护

1) 802D 储存器的配备方式

802D 系统配备了 32M 静态存储器 SRAM 与 16M 高速闪存 FLASH ROM 两种存储器,静态存储器区存放工作数据,高速闪存区存放固定数据,通常作为数据备份区,记忆存放系统程序,如图 7.31 所示。

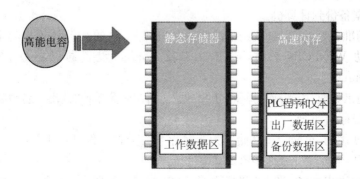

图 7.31　存储器的配备

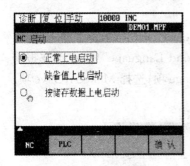

图 7.32　启动方式

2) 802D 系统的启动方式

启动方式分为方式 0(正常上电启动)、方式 1(缺省值上电启动)、方式 3(按存储器上电启动) 3 种,如图 7.32 所示。

方式 0:正常上电启动。以静态存储器区的数据启动,正常上电启动时,系统检测静态存储器,当静态存储器掉电,如果做过内部数据备份,系统自动将备份数据装入工作数据区后启动;如果没有做过内部数据备份,系统会把出厂数据区的数据写入工作数据区启动。

方式 1:缺省值上电启动。以 SIEMENS 出厂数据启动,制造商机床数据被覆盖。启动时,出厂数据写入静态存储器的工作数据区后启动,启动完成后显示 04060 已经装载标准机床数据报警,复位后清除报警。

方式 3:按存储数据上电启动。以高速闪存 FLASH ROM 内的备份数据启动。启动时,备份数据写入静态存储器的工作数据区启动后,启动完后显示 04062 已经装备备份数据报警,复位后可清除报警。

3) SINUMERIK 802D 系统的数据保护方法。

数据保护分为机内存储和机外存储 2 种:

(1) 机内存储。数据的机内存储可以通过"数据存储"软菜单轻而易举地实现。802D 配备了 16 MB 闪存 FLASH ROM 和 32 MB 静态存储器 SRAM,所有生效的数据均存储于静态存储器,静态存储器的数据有高能量电容维持,当电容的能量消耗尽后数据丢失。"内部数据备份"是将静态存储器中所有生效数据存储到闪存中,802D 在上电自检时如果检测到静态存储器 SRAM 的数据丢失,自动将 FLASH ROM 中的数据复位到 SRAM 中,并提示报警:04062 -存储数据已经加载。

(2) 机外存储。

① 数据备份到计算机。

● 利用准备好的 802D 调试电缆将计算机和 802D 的 COM1 连接起来。

● 启动 WINPCIN 软件,点击"RS232 Config"设置通讯参数,然后选择"Receive Dtata"项。

● 在通讯界面,用光标选择所需的数据,然后按软菜单键"读出",启动数据输出。

② 数据存储到 PC 卡。

802D 使用的 PCMCIA 存储卡为 8 M 字节。数据备份过程如下:

● 将 PC 卡插入 802D 的 PCMCIA 的插槽中。

● 802D 上电启动,进入"SYSTEM"菜单,选择"数据入/出"软菜单键,然后将光标移到:试车数据 NC 卡。

- 在软菜单键上选择"读出"项,即将数据备份到 PC 卡上。
- 在软菜单键上选择"读入"项,即将备份到 PC 卡上的数据读入 802D。

4）批量调试

SINUMERIK 802D 批量调试功能是批量生产的有效方法。可以将"试车数据"由一台已经调试完毕的 802D 通过 RS232 接口传送到待调试的 802D 中、或者将备份的个人计算机的"试车数据"通过 WINPCIN 通讯软件传送到待调试的802D 中,或者将备份的 PC 卡上的"试车数据"传送到待调试的 802D 中。

在批量调试前必须首先设定驱动器 611UE 对应的 PROFIBUS 地址。具体步骤如下:

① 地址设定:设定参数 A918＝总线地址。

② 地址存储:设定参数 A652,其值由 1 变为 0 后总线已经存储。

③ 地址生效:驱动器重新上电后地址生效。

（1）NC 到 NC 的批量调试。

① 利用准备好的"802D 调试电缆",将 2 台 802D 的 COM1 连接起来,且通讯格式为二进制、波特率相同($\leqslant$19 200）。

② 进入 802D 的"数据入/出"菜单,并将光标指定在"试车数据 PC",然后选择"读出"软菜单键。

③ 待调试的 802D 屏幕上出现提示信息"读试车数据",只需选择"确认"软菜单键传输即可继续进行。

（2）PC 计算机到 NC 的批量调试（利用 WINPCIN 软件）。

① 利用准备好的"802D 调试电缆"将计算机和 802D 的 COM1 连接起来。

② 802D 的通讯设定为二进制,进入系统"SYSTEM"菜单,通过垂直软菜单键上选择"读入"项,使 802D 进入数据等待状态。

③ 启动 WINPCIN 通讯软件,选择"二进制"通讯方式。选择"SEND DATA"并且找到备份的"试车数据",然后选择"Open"启动数据传输。

④ 待调试的 802D 的屏幕上出现提示信息"读试车数据",只需选择"确认"软菜单键传输即可继续进行。

（3）PC 卡到 NC 的批量调试。

① 将存有"试车数据"PC 卡插入 802D 的 PCMCIA 的插槽中。

② 802D 上电,进入系统"SYSTEM"菜单,选择"数据入/出"软菜单键,然后将光标移动到"试车数据 NC 卡"。

③ 按"读入"软菜单键进入数据等待状态。

④ 802D 的屏幕上出现提示信息"读试车数据",只需选择"确认"软菜单键传输即可继续进行。

参 考 文 献

［1］宋松,李兵.FANUC 0i 数控系统连接调试与维修诊断［M］.北京:化学工业出版社,2010.

［2］王兹宜.数控系统调整与维修实训［M］.北京:机械工业出版社,2008.

［3］杨雪翠.FANUC 数控系统调试与维护［M］.北京:国防工业出版社,2010.

［4］刘永久.故障诊断与维修技术(FANUC 系统)［M］.北京:机械工业出版社,2009.

［5］王凤蕴,张超英.数控原理与典型数控系统［M］.北京:高等教育出版社,2003.

［6］汤彩萍.数控系统安装与调试［M］.北京:电子工业出版社,2009.

［7］王侃夫.数控机床控制技术与系统［M］.北京:机械工业出版社,2009.

［8］叶晖,马俊彪,黄富.图解 NC 数控系统［M］.北京:机械工业出版社,2009.

［9］韩鸿鸾.数控机床装调维修工［M］.北京:化学工业出版社,2011.

［10］陈跃安,贺刚.电工技术实训［M］.北京:中国铁道出版社,2010.

［11］孙慧平,陈子珍,翟志永.数控机床装配、调试与故障诊断［M］.北京:机械工业出版社,2011.

［12］罗敏.典型数控系统应用技术［M］.北京:机械工业出版社,2009.

［13］严峻.数控机床安装调试与维护保养技术［M］.北京:机械工业出版社,2010.

［14］CK6140 数控卧式车床使用说明书.大连机床集团有限公司.2006.

［15］SINUMERIK 802S/C 简明安装调试手册.机床生产厂文献.2002.

［16］SINUMERIK 802S/C base line 诊断说明.机床生产厂文献.2006.

［17］SINUMERIK 802S/C base line 简明安装调试手册.机床生产厂文献.2009.